活用心理學
讓安靜內向
是才能

慢熟
緊張
不擅聊天

只要學會「轉換角色」
誰都被你吸引！

方言文化

前言　把弱點變優勢的「逆轉」心理學

「弱點」其實很有魅力

以下狀況是否覺得熟悉？你會如何看待自己的這些特質——

- **拙於言辭，不擅與人交談或閒聊。**
- **碰上比自己強勢的人，總會變得百依百順。**
- **相較於和人互動往來，獨處時更能放心、放鬆。**
- **對別人如何看待自己之類的微末小事耿耿於懷。**

簡單來說，你覺得自己比別人細膩敏感，所以想低調地生活；或是不與人爭，安穩平靜地活下去。這些念頭，是否在你心中特別強烈？另一方面，你又想克服這份「柔弱」，成為一個能更積極行動的人。這個願望，想必也暗藏在你心裡很久了吧？

人是有「矛盾情結」的動物

人因為有「矛盾情結」，所以會產生這些念頭是很理所當然的。所謂的「矛盾情結」，是指每個人心中相對立的想法或情緒。缺乏信心，但又想擁有更多自信；排斥某人，卻又想與對方和睦相處，相親相愛；一敗塗地，仍期待成為人生勝利組。

人的腦中，總是交織著許多念頭。我們或許可以說：正因如此，人才會這麼有趣，而人生才更充滿希望。

老想著自己是個「弱小的人」，那就永遠不會進化。

或許你覺得，這個世界上有很多人看起來都「比自己強大」。事實上，那些你認為「比自己強大的人」，也都認為在他們身邊有很多「比自己強大的人」，同樣也覺得「自己很弱小」。所以，這種「覺得自己弱小」的觀點，其實不過是個人的想法罷了。因為在人際關係當中，其實沒有「絕對的價值觀」。

社會上的人際關係，都是建立在人與人之間「相對價值觀」的基礎上。就連

認定「自己很弱小」的你，一定也知道「有人比我更弱小」這件事吧。畢竟所謂的人際關係，其實隨時都保持在一種可以「交替轉換」的狀態。有時候，那些你認為「比自己強大的人」，甚至也同樣認為你是個「比自己強大的人」。

即使是拙於言辭、不擅聊天的人，還是能夠和父母或兄弟姐妹侃侃而談；覺得自己很柔弱的人，對親朋好友仍舊可以毫不留情地咆哮怒吼。再怎麼內向的人，碰上非得為自己說明利弊得失的狀況時，還是會主動出擊，站出來與人協商、談判。

不改變自己的「轉換角色」

由此可知，要是真的碰上「緊要關頭」，人還是可以改變的。

人在日常生活中的一舉一動，其實都只是在扮演自己的「角色行為」。所以那些「強勢的人」，也只不過是在扮演這樣的角色罷了；至於「柔弱的人」，更只是你自己演出來的一個角色。

所謂的「角色行為」，就只是每個人恰巧挑選到的行為舉止。因此，只要有

強勢
柔弱
都是相對的

一點契機，這些行為都是會改變的。或者你也可以不必勉強改變自己，只要妥善運用他人的心態，借力使力，就能在人際關係當中「轉換角色」。

扭轉人生的兩大技術

在本書中，我們要從兩個角度切入——「妥善運用內向個性的方法」和「在人際關係中扭轉人我關係的方法」。

你不妨雙管齊下，也可以任選其中一項來執行。當然最建議的還是把這兩種方法都學會，但我不會強迫各位死背硬記。身為作者，我的出發點，是希望能循循善誘，讓各位在閱讀本書的過程中，自然而然地學會這兩套方法。

希望你能以輕鬆的心情翻閱本書。並衷心期盼在閱讀的過程中，能讓你萌生自信，為人生開啟另一扇新門。

前言　把弱點變優勢的「逆轉」心理學 002

1 安靜是力量，內向特質更易成功

01 「內向特質」的潛藏魅力 012
02 沉靜內斂，更能挑戰巨大成就 017
03 「內向者」與「外向者」，有何優缺點？ 023
04 順應真實自我，不迎合他人更自在 029
05 建立「存在感」，拒絕再當隱形人 035
06 頂尖業務員個性多內向，為什麼？ 040

2 利用人性弱點，走進別人心坎裡

01 勾起憐憫心的「助人行為」 046
02 正負面「月暈效應」，如何運用？ 051
03 共同敵人，拉攏盟友的利器 056

04 「示弱」就能閃避攻擊 061
05 單純曝光原理，讓人慢慢喜歡你 067
06 能消弭差異，培養好感的「互補原理」 073

3 學會誘導技巧，從此不再吃悶虧

01 掌握兩訣竅，讓「賠罪」更得人心 080
02 如何讓口風緊的人「打開心門」？ 086
03 令強勢的人收回成命，怎麼辦到？ 092
04 「主導權」如何取得？談判學這樣說 099
05 卸下他人防備，瞬間接受請求 105
06 使內向者更有競爭力的習慣 111

4 搞定難纏對象的「臨場應對術」

01 駕馭自視甚高的人，就靠「溫莎效應」 118

02 態度有敵意的人，能這樣巧妙回擊……122
03 客戶不守規則，圓融壓制的妙方……126
04 脾氣暴躁的人，有何相處之道？……130
05 遭遇騷擾怎麼辦？這樣反擊更智慧……134
06 滿足認同需求，叨念不休的人會閉嘴……138
07 同事惡意譏諷，如何回應不衝突？……142
08 沒水準的人，怎麼對應效果最佳？……146
09 奧客死纏爛打，優雅拒絕有技巧……150

5 緊要關頭如何脫身？怎麼反敗為勝？

01 被逼入死角，要借重反問的力量……156
02 把「否定印象」轉為「肯定」……158
03 寄予「期待」，驅策對方行動……160
04 正反兩面都要說，比例如何拿捏？……162

05 釋出善意，互惠原則能贏得好感 …… 164
06 無話可說的尷尬，「過去經歷」能化解 …… 166
07 截斷「話題主軸」，結束惱人對話 …… 168
08 得失效果的陷阱，「失落感」是關鍵 …… 170
09 讓違反規則的人，乖乖收拾殘局 …… 172
10 恰到好處的安慰，才能抓住對方的心 …… 174
11 坦白吐實，別人更願意聆聽需求 …… 176
12 標籤效應，誘使他人趨近自己理想 …… 178
13 冠冕堂皇的理由，刺激他人使命感 …… 180
14 利用對方自尊心來反將一軍 …… 182
15 「資訊不對稱」，說服對方的良機 …… 184
16 滿足優越感，「稀有性」能取悅對方 …… 186
17 善用「月暈效應」，博取他人好印象 …… 188
18 能讓對方「服從」的「從眾心理」 …… 190

1

安靜是力量，內向特質更易成功

01 「內向特質」的潛藏魅力

「弱點」和「優勢」有著一體兩面的關係

社會上，一般都認為文靜、柔弱的內向型人士，在人生旅途中會很吃虧，但真是如此嗎？你是否有過以下疑問——

- **口若懸河、舌燦蓮花的人，真的比沉默寡言的人占便宜嗎？**
- **強勢的人總是把柔弱的人踩在腳下，所以就隨時占上風嗎？**
- **外向的人比內向的人開朗，所以就更容易爭取到機會嗎？**

仔細想像一下，就會發現在許多與人往來的情境下，那些辯才無礙、積極強勢、性格外向的人總是特別光鮮醒目。然而，也不過就是這樣而已。乍看之下，這樣的人十分「精明能幹」，不僅演講幽默風趣，攀談閒聊時也無往不利。但世上並不是只有「對話」這種溝通方式。放眼看看社會上的成功人士，其實也不見得都是這類型的人。

人生成功與否，的確有很多是根據社會地位的建立，或者財富累積的多寡來衡量。但在白手起家的成功者當中，也不乏文靜、柔弱的內向型人士。**也就是說，文靜、柔弱的內向型人士，往往容易被社會大眾誤以為渾身充滿了「弱點」**。但其實許多內向的人，反而遠比能言善道、作風強勢且外向的人更有魅力，更能發揮自己的「優勢」。

在本書一開始，希望各位能先建立這樣的認知：「弱點」可以變「優勢」，「優勢」也可能變「弱點」。兩者只不過是個翻轉性的概念罷了。

無謂的比較，是自卑的開端

文靜、柔弱、保守的人，往往會對自己的性格特質感到自卑。所謂的自卑，是由於拿自己和別人比較，覺得自己不如人，進而產生煩惱。

既然知道一切都源自於和別人比較的緣故，只要停止比較心態不就沒事了嗎？但人總是隨時都在比較，自己找出或擅自認定哪些地方不如人之後，又因此

而沮喪失落。

其實，只要養成一個習慣——和別人比較之後，隨時相信自己更好，煩惱應該就會減少許多。無奈人總是會聚焦在那些自覺不如人的地方，所以才會難掩失落。因為我們總是習慣為自己打造一個「心靈框架」，堅信「我一定很〇〇」。

我們常說有些人「想太多」，可是一旦認定「或許我的確很〇〇」，這個念頭就會潛藏在我們的潛意識深處，自然而然地滲透全身，甚至還能制約我們在日常生活當中的行為。

大體而言，文靜、柔弱的內向型人士，多半是感性（細膩、敏感）的人。就因為這種類型的人很敏感，所以他們一舉一動，都比能言善道、作風強勢的外向者更慎重。這些人往往還會很多疑，因此他們無法像那些外向者一樣，做出「少根筋、遲鈍」的舉動。

若從這個角度來看，我們其實也可以這樣想：文靜、柔弱、保守的人，非但不會構成個性上的缺點，甚至可以說他們因為心思細膩，所以觀察敏銳；因為謹慎地面對風險，所以遭逢意外的機會較低；他們在投資理財方面還兼具冷靜沉著的特質，所以不會造成慘重損失。**這些特質，已堪稱是不折不扣的「優勢」**。

「感性」是種卓越的感測能力

然而，因為內向型的人很感性，所以容易對雞毛蒜皮的小事吹毛求疵，讓人覺得這些特質是「缺點」。

內向型的人，會只因為發給好朋友的郵件遲遲不見回覆，就妄做負面想像、焦慮不已，覺得「為什麼他回得這麼慢？」、「他是故意的……？」、「他在躲我……？」、「對了，先前慶功宴的時候，他好像也對我很見外，是不是有什麼地方不滿意……？」、「他是不是討厭我了？」等等。

此外，內向型的人很難拒絕職場同事硬塞的麻煩事，往往不小心答應後，再懊惱萬分，覺得自己「為什麼無法直接了當地拒絕？」。即使如此，當他們日後又被硬塞一些麻煩時，仍然無法明快拒絕，於是一再地重蹈覆轍。既不想被人討厭，也不想被人覺得高傲——這份懦弱，甚至會讓他們覺得自己在助長對方的欺壓，因而氣憤自己的軟弱。對於無法拒絕的自己，也每每感到沮喪不已。

文靜、柔弱的內向型人士十分不擅長如何在眾人聚集的派對或宴會上自處，因此參加這類的活動，總是備感煎熬。光是想到要和沒什麼印象的人談笑聊天，就讓他們感到疲憊。即使壓抑這些感受，勉強出席，到了宴會結束時，總覺得精疲力竭。

對於連好好閒話家常都做不到的自己，他們感到氣惱、羞愧。到頭來，他們總不斷地夢想著：要是世上沒有這種聚會，那該有多好？看著那些侃侃而談、強勢、外向的人，在宴會上穿梭來往，如魚得水、自在活躍，總讓他們大感羨慕，同時也映照出自己的不堪。

文靜、柔弱的內向型人士很感性，所以常常被這些負面情緒壓得喘不過氣。後面我會再為各位詳述，事實上，只要**改變「心靈框架」，就能減少這些情緒。我們該記住：「感性」這種感測能力，甚至還能成為一種個人魅力。**

02 沉靜內斂，更能挑戰巨大成就

研究顯示，內向性格是遺傳

文靜、柔弱的內向型人士，多半從小就是如此。近年來，更有部分**研究指出，這些個性其實是來自於「遺傳」**。

最早將人的性格分為「內向型」和「外向型」的，是卡爾·榮格（Carl Gustav Jung）在一九二一年出版的《心理類型》（*Psychological Types*）一書所提倡的論述。後來，這套論述又經過許多研究的探討。其中，美國的發展心理學家傑洛姆·凱根（Jerome Kagan），更證明了性格會有「內向」與「外向」之分，原因在於大腦的遺傳因素。

凱根以四個月大的嬰兒為對象，針對在掌管人類本能的大腦舊皮質當中，有情緒中樞之稱的「杏仁核」（Amygdaloid），進行了長期的成長觀察。結果發現，嬰兒時期對些微外部刺激（聲音、振動和光線）所產生的反應強弱，決定了人類

在長大後是偏「內向型」或偏「外向型」。

實驗當中，在嬰兒時期會因些許外部刺激而呈現大哭等強烈反應者，占整體的兩成；完全不為所動、一派冷靜者占四成；剩下的四成，則是視當時情況做出不同的反應。經分析後，發現反應強烈的嬰兒，會隨年齡增長而發展成「內向型」；較無反應的嬰兒，則會長成「外向型」。

因此，凱根認為人類約有四成是「內向型」，剩下的則屬於「外向型」，外向、內向的表現或有程度差異，但這種概略的分類方式是可以成立的。當中又以極度「外向」或極度「內向」的人，在團體生活當中會特別引人矚目。

「內向型」和「外向型」，有何不同？

「內向型」和「外向型」的差異，一般認為有以下幾點：

「外向型」的人多半能言善道，作風強勢，能藉由與人互動來補充自己的能量。只要處在眾人聚集的地方，他們就會變得活力充沛。因此，當外向型的人置身在無法接受到外界刺激的封閉空間，或處於孤立而無法與人接觸的環境，他們的活力就會日漸衰退。

「內向型」的人正好相反。相較於與人接觸，面對自己的內在更能讓他們充飽能量。靜下來面對自己的內心，最能讓他們感到平靜。因此，長時間待在需要與人有許多互動的地方，會讓內向型的人失去活力，渴望找到能夠獨處的環境。因為與人接觸越多，他們就會變得越虛弱。

不論你是偏哪一種特質，每個人必定都具備其中一種傾向。在成就動機上，兩者也有很顯著的差異。

人的「動機」來源，可分為外在報酬（外來成就動機）和內在報酬（內發成就動機）。外在報酬是指「金錢」、「名聲」、「地位」、「頭銜」、「讚賞」等社會價值觀；內在報酬則是受到「興趣」、「關注」、「好奇」、「開心」、「愉悅」等心靈價值觀所牽動。

「外向型」的人喜歡引人矚目，因此受外在報酬影響自然較深；反之，「內向型」的人追求的是心靈滿足，所以內在報酬會比外在報酬更重要。

內向型的人，會在腦中謹慎地思考許多事。因此，在與人交談時，他們常無

法暢所欲言而顯得安靜靦腆。此外，內向型的人不喜與人爭搶，所以幾乎可以不必擔心他們會像「外向型」的人一樣，未經思考就做出不恰當的發言或舉措，引發爭端。若從這個角度來看，「內向型」的人其實好處多多。

「內向者」有成大事的潛能

不知道是否因為性格特質使然？**由於文靜而顯得柔弱的「內向型」人士當中，舉世聞名的成功者輩出。**

他們的思考內斂，因此學者或研究人員之多，是可以想見的。

發現相對論的阿爾伯特．愛因斯坦（Albert Einstein），在四歲前幾乎不會說話，七歲前讀寫都有困難的故事，早已廣為人知。他當年只對自然界的生成和數學有興趣，在大學裡也只上那些他感興趣的課程。老師認為他是個無心學習的學生，對他沒什麼好感。後來愛因斯坦想留在大學擔任助教，也慘遭老師拒絕。

畢業後，他先是靠家教工作和打零工糊口，直到好不容易在專利局謀得初階審查技師的工作，才開始積極投入他喜愛的物理學研究，並為他帶來日後的聲望。極度內向的愛因斯坦，把自己封閉在一個只有自己的殼裡，才得以成就傳世大業，提出了人稱二十世紀最偉大發現的相對論。

另外，發明大王湯瑪斯・愛迪生（Thomas Edison），小學時老是對自己感興趣的事物提出很基本的問題，讓人以為他智力不足，甚至還遭退學一事，也是個很有名的故事。

找出萬有引力法則的艾薩克・牛頓（Isaac Newton），也是個內向型的人物。他在小學時的成績敬陪末座，是個獨自默默熱衷工藝的少年。

在《物種起源》中闡明演化過程的查爾斯・達爾文（Charles Darwin），小時候的成績也很差，是個會靜靜地蒔花弄草、醉心觀察蟲鳥的少年。由此可以看出，**學者或研究人員當中，有非常多「內向型」的人。**

此外，全球還有許多文靜內向的名人。例如微軟的創辦人比爾・蓋茲（Bill Gates）、大導演兼製作人史蒂芬・史匹柏（Steven Spielberg）和喬治・盧卡斯（George Lucas）、全球首屈一指的投資鉅子華倫・巴菲特（Warren Buffett）、曾任美國總統的亞伯拉罕・林肯（Abraham Lincoln）、在印度獨立運動中堅持採行

非暴力主義的聖雄甘地（Mahatma Gandhi）……，不勝枚舉。

他們即使看似文靜、柔弱，但內心卻懷抱著堅強的信念，在自己的世界中追求卓越、以達目的的毅力之強，堪稱出類拔萃。**「內向型」的人擁有如此傑出的特質，是「外向型」的人所沒有的。**

03 「內向者」與「外向者」，有何優缺點？

成功需要「內向能量」

前面我們探討了文靜、柔弱的內向型人士，在能力上絕不比外向者遜色。這一點你是否已經了解了呢？不僅如此，我們甚至可以說：內向者的優點更勝一籌。

文靜的人深思熟慮，只是在與人談話時無法口若懸河而已。事實上這是因為他們個性認真、深謀遠慮，說話時總在謹慎地選詞用字的緣故。

此外，他們不希望自己的文靜造成別人的不悅，因此說話時會顯得更加惜字如金；他們不想要被當做怪人，所以選擇沉默寡言，態度也盡量低調。這種類型的人看來不擅社交、柔弱怕生，是基於以上這些因素，但並不表示他們的能力不如人。

換言之，雖然「內向型」人士，乍看之下顯得較為柔弱，甚至有時會讓人覺得缺乏幹勁。但這些氣質，反而讓他們判斷事物時更為小心謹慎。

內向特質，並不會讓他們在人生旅途中「吃虧」。畢竟他們只是在人與人之間的「互動」過程中較「不起眼」而已，不代表他們在工作績效或價值觀上矮人一截。換個角度來看，這些特質非但不是「弱點」，反而是證明了他們感性而深思熟慮，觀察精準入微。

此外，很多文靜的人，在談到自己愛好或擅長的領域時，就會變得滔滔不絕。因此，越是「關鍵時刻」，內向者越能發揮實力。

接下來，就讓我們再針對「內向型」和「外向型」人士的差異，做更進一步的比較。

內向特質連外向者都羨慕

接著，讓我們來看看「內向型」的人有哪些優缺點。首先，他們具備以下這些優點——

- 深思熟慮，態度溫和。
- 卓越的洞察力與觀察力。

• 懷抱著不屈不撓、堅定不移的信念。
• 細膩低調，對人體貼關懷。
• 不會阿諛諂媚或屈意奉承，值得信賴。
• 態度文靜沉穩，看起來很真誠。

還有，他們沉默寡言，所以反而不會說謊——這種個性也很顯著。這些都是在能言善道的「外向型」人士身上，較難展現出來的特質。此外，在協商談判時，內向者不會虛張聲勢，因此較容易搏得對方好感。

那麼，「內向型」的人又有哪些缺點呢——

• 不擅長對人噓寒問暖，給人難相處的印象。
• 不太會閒話家常，容易找不到話題。
• 面無表情，容易被當作是不親切的人。
• 不懂在人前高談闊論，容易支吾其詞、結結巴巴。
• 一緊張就全身僵硬，舉止變得很不靈活。

- 對別人的反應很敏感，常淪為庸人自擾。
- 不會積極發言，故在會議當中很不起眼。
- 不管本人在場與否，存在感都很薄弱。

以上是我嘗試列出的一些關於內向者的缺點，簡而言之，**就只是在與人「互動」的過程中顯得很「不起眼」罷了**。我覺得這並不是太大的缺點，也稱不上是弱點，相比之下，我們甚至可以說他們的優點是很有魅力的。「內向型」的人，其實具有很多值得滿懷自信的特質。

不經思考就回話的負面效果

接下來要為各位介紹「外向型」人士有哪些優缺點。先來看看他們具備哪些優點——

- 積極進取，看起來很有行動力。
- 具有領導力。

- 演說發言妙語如珠，面面俱到。
- 親切率真，和任何人都能閒話家常。
- 在團體中也能明白地闡述自己的意見或主張。
- 能把客套吹捧的話，說得很高明。

乍看之下，「外向型」人士可說是相當長袖善舞的人。他們似乎很懂得審度局勢、隨機應變。見風轉舵的速度之快，儼然就是一項可與人較量的武器。我們甚至會覺得，極度「外向型」的人能自在遊走、活躍於世，是一種理想的典範。

然而，外向者也並非全是優點。接著再來看看他們的缺點——

- 看來像是凡事都會固執己見、強渡關山的人。
- 情緒起伏十分劇烈。
- 常做出精明算計的舉動。
- 短視近利，缺乏計劃，容易導致失敗。
- 只憑虛張聲勢遊走天下，讓人感覺膚淺。

• 感覺比較遲鈍，不懂得顧慮別人的感受
• 總想受到眾人矚目，因而令人感到厭煩。
• 表現慾過強，給人囉唆的印象。

外向型的人，有時的確會讓人覺得很機智靈活，但其實多半只是脫口說出救急的靈光乍現，一不小心說錯話，就會自掘墳墓。

綜上所述，相較於「內向型」的人，「外向型」人士多半欠缺謹慎。從這個角度來看，「外向型」的人其實必須承擔相當高的風險。

04 順應真實自我，不迎合他人更自在

刻意模仿招來最壞結果

人與人之間的對話，多半是從回答對方拋出的問題開始發展。譬如：

「你好！最近過得怎麼樣？」

「最近一切都還好嗎？」

「你昨天有沒有看電視上播的那齣○○連續劇？」

「和A公司的案子談得順利嗎？」

有人先拋出這些話題，另一方回答，才讓對話的你來我往就此展開。然而，文靜的人就是不擅長這種對話。

說穿了，畢竟「內向型」的人總是一絲不苟又深思熟慮，總想謹慎地選詞用字後再發言。正因為他們不願信口開河、觸怒對方，才會在腦海中多所考慮，所以更是無法侃侃而談。「外向型」的人則是凡事不加思索，幾近反射性地回話。

比方說：

「你好！最近過得怎麼樣？」→「很好啊！你看起來也挺不錯的嘛！」

「最近一切都還好嗎？」→「嗯！很好！」

「你昨天有沒有看那齣〇〇連續劇？」→「我沒看欸！好看嗎？」

「和A公司的案子談得順利嗎？」→「很順利！下次就會提報價。」

反射性的回答，是一種下意識的反應，也就是回答不經大腦，全憑本能。因此，這種應對方式，可能會由於誤解對方的問題而給錯答案，或回了一些少根筋的答覆而誤觸地雷。這些都是因為說話者缺乏深思熟慮，才會洋相百出。

由此可知，文靜的內向型人士，毋須勉強自己學當個「外向型」的人。

讓對方配合你的步調

外向型的人，說話多半都是連珠砲。這是由於他們總是反射性回話的緣故。所以，外向型的人常會因口不擇言地多嘴而惹禍上身。當中也不乏有人因為無心的一句話傷了別人，自己卻渾然不知，依舊我行我素，以致於在不知不覺間給別人留下了不好的印象。這也就是為什麼能言善道的外向型人士，該學會「謹慎」和「深思熟慮」的原因所在。因為外向型的人很可能因為自己無心脫口而出的一句話，就為自己樹立敵人。

當有人攀談搭話時，許多內向型的人總想著自己非得盡快回話不可，因而感到焦急不已。這時千萬急不得。**你只要悠然地、慢條斯理地回話即可。對方若想延續這段談話，就會跟著放慢說話速度。只要我們慢慢說，對方也會配合我們的步調，這就是所謂的「呼應」現象。**

人會習慣性地調整自己的步調，以迎合對方的節奏。在忿忿不平的人面前，我們總會加強語氣，跟著對方一起說：「就是呀！真差勁！」遇到沉浸在悲傷裡的人，就會用感傷的口吻說話。面對帶著笑容分享喜悅的人，則會用開朗明快的語調說：「太好了！恭喜！」這些都是所謂的呼應。

因此，當別人連珠砲似地對我們說話時，我們也會不由自主地想用快言快語回應。這時候，文靜內向的人就會感到很心急。

「呼應」是因為大腦內的一種神經細胞「鏡像神經元」作用下的結果。像看

著鏡子似地模仿別人的行為——這是靈長類獨有的「無意識作用」使然。文靜內向的人，要「有意識地」利用人類的這種特性，設法讓對方下意識地呼應自己的步調即可。

換言之，當我們刻意慢條斯理、一字一句、諄諄教誨似地說明時，對方也會不自覺地放慢說話速度。就像各位在電視螢幕上常看到的戰地攝影師——渡部陽一*那樣。

坦白吐實，狀況會改變

還有一個方法，也希望文靜、柔弱的內向型人士能牢記在心，那就是坦白吐實。比方說：

「不好意思，我這個人比較內向，不擅言詞，請大家多多包涵。」

「很抱歉，我這個人很木訥，說話可能會讓你聽得很痛苦……」

「我這個人很容易心跳加速、緊張至極，話說得不好，請各位見諒。」

你不妨乾脆就在剛開始談話時，像這樣把話說清楚。如此一來，就會發生很有意思的事——對方也會親切地配合。例如：

「別這麼見外，沒關係，你就儘管慢慢說吧。」

「喔，我一點也不在意，聽起來完全不痛苦。」

「喔，別擔心，我和你一樣，是個說話笨拙的人。」

對方聽完之後，就會像這樣立即伸出援手。**這種現象，就是許多人熟知的「助人行為」（Helping Behavior）。這種思維，指的是當眼前出現「可憐之人」、「有難之人」時，人會覺得自己非得親切地伸出援手不可。**

當眼前有人主動吐實，說自己有難或不如常人時，一般人就無法冷漠地對待他。當我們主動公開自己的「弱點」、「缺點」之後，有些人甚至會跟著自揭「弱點」、「缺點」，加入「弱者」的陣營。他們覺得既然對方已經自揭弱點，自己

＊譯註：戰地記者，一九七二年出生。大學時代在非洲旅行時，遭到盧安達的少年兵襲擊，交出了身上所有的財物才得以保命。從此下定決心成為戰地記者，足跡踏遍全球一百三十國，採訪過盧安達、車臣、索馬利亞、伊拉克等地的戰亂，並有多本著作，也是綜藝節目的常客。他小時候說話速度就不快，成了戰地記者後，深感語言溝通必需正確、仔細、易懂、緩慢，因此刻意地放慢了講話速度。

也必須投以回報。這無疑就是所謂的「互惠原理」。

面對態度逞強、傲慢的人，總不免會激起你我的反抗心理；但主動吐露自己「弱點」的人，則會激發我們的惻隱之心，促使我們溫柔以待。

在此，我希望內向的人能了解這個事實：一開始先主動坦承自己的弱點，能讓你取得優勢。

05 建立「存在感」，拒絕再當隱形人

不認同別人，自己也難獲認同

文靜、柔弱的內向型人士，常會被說「存在感薄弱」。由於內向的人低調、寡言，舉止也不搶眼，難免會讓人對他們產生這種看法。就內向型人士的氣質而言，這其實是個無可奈何的結果。

然而，要是存在感薄弱到連在不在場都沒人知道，那就要再稍加彰顯自己的存在感了。一旦被身旁的人當作透明人或幽魂，那麼當你開始想做些新嘗試時，恐怕會拖累你的計劃；當公司裡啟動新專案時，若你的存在感太薄弱，可能就不會指名找你參與，那可就糟了。

因為缺乏存在感，幾乎就等同於是「不被認同」。對人類而言，存在認同非常重要。

人的本能當中原來就有「認同需求」。但有不少內向型的人因為愛好孤獨，

所以避免與人接觸，導致他們對別人的存在認同變得很薄弱。

看似文靜、柔弱的內向型人士，和「外向型」的人不同，他們對孤獨並沒有太大的恐懼。儘管他們會因為自己是否被忽略、嫌棄等小事，而變得很神經質，但另一方面，內向型人士往往也很能馬上轉念，覺得若真是如此也無妨。我想請各位特別留意的，就是這個部分。

此外，不認同別人的存在，自己也將無法獲得認同。即使是文靜的內向型人士，也不該忘了積極認同別人的存在。

笑容，存在感爆棚的關鍵

人與人之間，總會在邂逅的那一剎那仔細端詳彼此，以分辨對方是「可以放心的人」還是「帶有威脅的人」。

帥哥美女因為面貌姣好，往往給人一種連內在都很優秀的錯覺，看在眾人眼裡，自然就是備受喜愛的人物，屬於「可以放心的人」。像這種**因為具備一項傑出專長，整個人就能連帶受到好評的現象，稱為「月暈效應」。其實不僅是外貌，**

具權威性的頭銜、社會聲望和評價等，都能引發這樣的效應。

另一方面，獐頭鼠目、面目猙獰、脾氣暴躁或是冷漠高傲的人，就屬於「帶有威脅的人」。因為我們擔心這些人是否會危害自己，便不由自主地緊張起來，於是負面的「月暈效應」自然就開始發酵。

這類型的人，除非先剔除身上的「威脅」，否則在第一印象上會很吃虧。而能剔除「威脅」，讓人感到放心的臉部表情，就是「笑容」。請你記住，笑容是讓人放心的「絕對利器」。因此，努力展露笑容這件事，對看似文靜、柔弱的內向型人士而言，也同樣重要。

看似文靜、柔弱的內向型人士，第一個不擅操作的瓶頸，就是「問候」。既不擅問候，後續的簡短閒聊也難侃侃而談——光是這個念頭，就已經讓內向型人士想打退堂鼓了。然而，問候是取得存在認同的基本功。早上到了公司之後，不管看到誰都能一視同仁，帶著笑容「問候」的人，存在感就會特別鮮明。因為他們會對許多人表達存在認同，自然也會從許多人身上得到存在認同的回饋。

人都有所謂的「私人空間」，也就是能讓自己放心的領地、安心的地盤。當

旁人進入距離自己三到四公尺內的範圍時，即使是再怎麼親近的人，若不出聲問候，就違反了人際關係在心理上的禮節。倘若你不擅長堆出笑容，不妨讓嘴角微微上揚，以類似噘嘴的方式，開口說出「早安」，就會呈現趨近笑臉的表情了。

問候與出聲，讓別人記得你

只要早上見人就「問候」，久而久之自然就能養成問候、打招呼的習慣。不管對方回不回應，它都會成為你在行為習慣上的一個儀式。

即使是文靜、柔弱的內向型人士，若能每天早上確實做到「問候」這件事，存在感必定會隨之上揚。以往問候時語調含混不清、模糊帶過的人，現在開始試著好好對別人打招呼吧，相信旁人對你的認知一定會出現明顯的轉變。

另外，這裡還希望你記住另一個提升個人「存在感」的方法，那就是做事時要出聲。畢竟旁人對文靜、柔弱的內向型人士，應該都抱持著一種「永遠不知道他究竟在不在座位上」的印象。

在你我的生活當中，應該不乏這樣的場景才對：因為內向者往往被叫到名字也不應聲，等別人到座位上一看，才發現這個人不知道何時已經不見了。等到看了公司白板上寫的外出登記，才發現原來這些人早就出門去跑業務了。

會導致這些情況出現，很大一部分的原因就在於內向者「不出聲」。

建議你在公出時，務必大聲昭告天下，例如說：「我去○○開會。」若覺得對著眾人說話很尷尬，你可以找個特定對象，比方說：「○○課長，我去○○開會。」此時也要盡可能堆起笑容，拿出精神飽滿的聲音。假使不擅長擺出笑臉，那就揚起嘴角，試著噘起嘴即可。

還有，返回公司時，也要出聲招呼，說句：「我回來了。」如此一來，原本那股「薄弱的存在感」，讓人連究竟在不在公司都搞不清楚的狀況，就會出現明顯的改善。就算是文靜、柔弱的內向型人士，只要多做這一點努力，就能彰顯自己的存在感。

06 頂尖業務員個性多內向，為什麼？

業務力不等於社交能力

社會上對內向型人士有一個極大的誤解。那就是他們輕信一種定論，認為看似文靜、柔弱的內向型人士，不適合擔任需要到處拜訪，與許多人接觸的「業務」工作。甚至許多內向型人士，也都這麼認為。

因此，這類型的人往往也都覺得自己適合不太需要與人接觸的工作，例如「企劃」、「總務」等行政類的工作，或者是「研發」等實驗型的工作。換言之，他們認為看起來能言善道、作風強勢的外向型人士，絕對更適合必須與許多人接觸的「業務」工作，然而，你知道嗎？實際在業務第一線上繳出漂亮成績單的人，有不少是看似文靜、柔弱的內向型人士。

為什麼他們明明不擅言詞，卻可以在需要商品說明和簡報能力的業務圈中脫穎而出呢？**原因在於許多人都誤以為「業務」等於「很懂得社交」**。

一般人對業務員的印象，多半是在客戶面前口若懸河地說個不停。但其實在業務第一線上，這種業務員往往做不出成績。因為光憑能言善道、作風強勢這些特質，是無法把工作做好的。

若當上了「業務」，反而應該要以成為文靜、柔弱的內向型人士為目標，才有助於提升業務績效。因為業務工作的本質，和在派對等場合長袖善舞、談笑風生的「社交」，其實是兩件似是而非的事。

內向者的「聽話功力」卓越非凡

所謂的業務工作，就是要找出客戶的需求，因此「聽話功力」會比「說話功力」來得更重要。

被分發到業務第一線的人，要確實地把公司的業務行動手冊牢記在腦海裡，並在客戶面前極盡所能地說明。可是，沒有幾個客戶會乖乖聽完業務員的話。畢竟客戶都很忙，沒有那個閒功夫。明明沒打算買，卻還要他們聽業務員長篇大論的推銷話術，簡直就是要他們的命。一旦客戶覺得業務員很煩，很快就會想送客

趕人。

若無法主動察覺此事，調整推銷手法，恐怕很難在業務戰場上苟活下去。因此，業務員必須設法讓自己轉一個大彎，從「說」變「聽」。而且，光是「聽」還不夠。高明的「聽話功力」，決定了業務員的優劣。要先有精準的「提問功力」，再加上高超的「提問能力」，兩者兼具，才能發揮威力。

對一位能言善道、作風強勢的外向型業務員而言，要兼顧這兩項條件，其實並不容易，因為他們總是一不小心，就比客戶還要多話。然而，在尚未找出客戶「困擾」或「課題」的情況下，就貿然為了推銷而向客戶說明商品或服務，這樣是很難打動客戶的心。業務員若不能跳脫「靠自己開口說服客戶」的工作態度，將永遠無法掌握客戶的需求，以致於再怎麼努力推銷，都只是徒勞無功。

而對看似文靜、柔弱的內向型業務員來說，由於他們擅於觀察客戶，所以總是能夠精準地提問，進而讓客戶說出更多需求。他們原本就很懂得傾聽，因此也能很快就學會如何讓客戶開心簽約買單。這也就是為什麼業務工作反而更要由看似文靜、柔弱的內向型人士來做，才能得心應手的緣由。

外向型＝滔滔不絕
……
這件事上次也向你提過，這次要講的是……
嘰哩呱啦
嘰哩呱啦
內向型＝認真傾聽
你說得對。
是　是
原來如此，所以這件事也可以拜託妳處理囉。

發揮內向者才華，成功指日可待

至此，我們已經知道，看似文靜、柔弱的內向型人士究竟適不適合擔任業務工作了，只不過是社會上對他們懷有誤解。事實上，他們在需要外出拜訪、與許多人接觸、互動的「業務」工作上，仍有發揮自身才華的空間。

只要走一趟書店的「業務書籍區」，多看幾本相關書籍，應該就不難明白，在業務圈繳出漂亮成績單，成為頂尖業務員，接著又寫作出書的作者，多半會坦言自己其實是「文靜、柔弱的內向型人士」。

各位可能都會對這個事實大感詫異。這樣的作者，多半都是被分派到自認為不拿手的業務工作，接著又盲目追隨社會上的誤解，想效法「看似能言善道、作風強勢的外向型人士」，導致他們在從事業務工作的初期飽嘗挫敗。

然而，內向型人士，其實隱藏著極大的發展潛力。現在的他們，不再刻意隱藏自己「柔弱」、「寡言」、「保守」這些原有的內向特質，設法妥善運用自己的優點，掌握業務工作的精髓，才獲得了成功。

2

利用人性弱點，走進別人心坎裡

01 勾起憐憫心的「助人行為」

了解「喜歡」和「討厭」的機制

想走進別人的心坎裡，建議內向的你，不妨牢記人類喜歡或討厭別人的機制。

人會喜歡上別人，是因為體認到對方是個可以放心的「同伴」，且和自己有共鳴；會討厭別人，則是因為感受到對方的威脅，察覺到對方是「敵人」，且從對方身上看到許多自己無法認同的事。

舉例來說，那些出現在電視上的藝人，即使素未謀面，我們仍會對他們萌生「喜歡」或「討厭」的情緒。凡是自己喜歡的藝人，就會對他的外貌或言行很有好感，甚至會產生共鳴；對討厭的藝人則反之。然而有時我們也會突然愛上原本很討厭的藝人。當忽然看見這個藝人討喜的一面，或發現他和自己有相同的興趣時，就會突然喜歡上他。在心理學當中，把這種現象稱為「共通點、相似性原理」。

和初次見面的人談話，通常都是在發現彼此有相似的「連結」時，場面就會一口氣熱絡起來。例如來自同一個城市、相近的故鄉、相同的母校、共同的興趣或從事一樣的運動，甚至是愛看同一個電視節目等。

當發現別人與自己有共通點或類似之處時，你我就會把對方當成「同伴」，對他卸下心防，進而產生共鳴。唯有把對方當作自己人看待，從對方身上感到安心之後，才可能萌生好感。

所謂「喜歡」或「討厭」的情緒，就是在這種機制運作下的結果。

好感來自「相近性、相似性、共通點」

換句話說，如果與談話對象之間毫無共通點或相似性，不僅會覺得話不投機，甚至還會感到厭惡。

要是有人對著「貓奴」說：「我討厭貓，甚至對所有動物都沒興趣，從不覺得牠們可愛。」雙方之間就會泛起暗潮洶湧的氣氛。**畢竟當彼此無法產生任何共鳴時，這個人就不會是可以讓我們放心的對象了。**

學生時期，和班上同學的交情，往往不如和社團等校園活動的夥伴深厚，這也是源自於彼此有共同喜好的關係。此外，在社團等校園活動中容易萌生愛情，其中很大一部分的原因，應該也是由於當事人處在一個容易對彼此產生共鳴的環境吧。還有，想結婚的人，只要到健身房或烹飪教室報到，就能迅速找到對象，其實也是因為這套論述奏效的緣故。

因此，若想與人拉近距離，不妨先了解對方喜歡的事物，並在談話時脫口說出「其實我很喜歡〇〇……」，就能讓氣氛急遽升溫，深化彼此情誼。事先透過社群網站或周邊人士蒐集資訊，便顯得非常重要。

有心出人頭地者，不妨主動迎合主管的喜好，讓主管萌生親切感，應該就能吸引到他們的注意。

在企業當中，儘管抽菸的人已屬於非主流派，但癮君子總會在吸菸區裡竊竊私語，導致他們在一股超乎想像的連帶意識下，串連成了一個群體。也就是說，這一套運作機制應用的領域很廣泛。

儘管實際案例較少，不過當彼此厭惡或不擅長的事物相同時，也會孕育出一股夥伴意識。

「不幸遭遇」會讓雙方變得親切

然而，看似文靜、柔弱的內向型人士，往往不太願意主動談論私事，所以身旁的人很難注意到他們的存在。因此，即使內向者與別人有共通點，也很難讓對方發現。不僅如此，惜字如金的人，就算和別人有共通點、相似性，通常也說不出口。

內向型的人，應該要時時想到這個「共通點、相似性原理」。**因為這一套「共通點、相似性原理」，不僅可以用來對付利用職權進行騷擾的主管，面對那些欺壓自己的前輩或同事時，它也會是一套很有效的「弱者策略」**。

例如有個暴君課長，平時總是欺壓你。那麼要對付這位課長，其實坦露自己也不失為一個方法。

柔弱部屬：「今天早上聽了您的演講，才知道課長您府上是單親家庭，我覺得很意外。其實我小學四年級的時候，父親就過世了，所以我從國中到大學，都

一直在送報貼補家用。」

暴君課長：「嗯？你也是單親家庭啊？唔……想必你從小到大一定也吃了不少苦頭吧？原來如此……好好加油吧！」

當暴君課長知道你的生長背景與遭遇和他同樣辛苦之後，他對你所加諸的職權騷擾，應該就會逐漸減少了吧。因為柔弱部屬身上出現了一個投射，讓暴君課長覺得就像看到自己似的。後續在這位課長心中，「助人行為」仍會下意識地發酵，進而讓他多關照這位部屬。

在「共通點、相似性原理」運作的情況下，只要彼此有共同的悲慘遭遇、或引人同情之處，我們就會對這個人感到特別地親切。深受同一種疾病所苦的人，或同樣曾嘗過貧窮之苦的人，彼此之間也都會有相同的反應。

建議你可讓「共通點、相似性原理」在對方心中發酵，若有值得激發對方建立「弱者陣線」的事由，不妨開誠布公地告訴對方。

02 正負面「月暈效應」，如何運用？

能博他人好感的「月暈效應」

先前已經跟各位談過了月暈效應的內容。所謂的月暈，就是那些畫在佛像或基督教聖像身後，呈放射狀發散的光芒，也就是一種光背。

回想一下，其實很多帥哥美女，都是因為擁有端正的五官，就讓整個人閃閃發亮，彷佛身後有月暈，也使他們看起來就像既聰明、個性又好的優秀人士般。

人都會有一種錯覺，只要別人有任何一項出類拔萃的特質，就顯得整個人都熠熠發光。這種錯覺現象放在權威或社會評價、口碑等層面來看，也都能夠成立。東京大學畢業、哈佛大學畢業、美國太空總署（NASA）研究員、醫師、名流、富豪等，他們所擁有的許多特質都很有魅力。

舉例來說，假如在一場滿是俊俏男士的聯誼活動當中，只有一位男士長得差強人意，那麼在正常情況下，他是不會受到女士們青睞的。然而，如果俊俏的男

士們都只是普通上班族，只有那位長相差強人意的男士是東京大學醫學系畢業的醫師，那麼即使他的外貌再怎麼差強人意，還是會讓人覺得他連性格都卓然出眾。而他，想必也將成為當天最受歡迎的男士。

就像這樣，不管什麼都好，至少要有一項出類拔萃的特長。只要有了這麼一項卓越的特長，整個人就顯得傑出非凡，引人矚目的效果極佳，可讓你頓時看來就像個高格調的一流人物。

把「月暈效應」套用在「弱者策略」上，也能發揮驚人的威力，因此當然沒有理由不用它。

借他人之口更具公信力

有些「月暈效應」是像帥哥、美女那樣，是基於外貌所給予的評價，因此瞬間就能奏效；但也有不少是一般人難以鑑別真假的事項，例如權威及聲望等社會評價等。

有時所謂的傳聞或風評，根本沒有向本人求證過，消息就已經不逕而走。例如：「鈴木先生不僅英文講得很流利，腦袋還很聰明呢！聽說他從高中就到美國去留學，是哈佛大學畢業的。」這些看似流言蜚語的話語，還是具有一定程度的效果。因為即便是單純的口碑，也能塑造出了不起的社會評價。

有時本人親口描述的豐功偉業，例如說自己：「到高中畢業前都在練拳擊。大學時，有一次碰上飛車搶匪，我想抓住搶匪，他卻拚命掙脫，結果我一拳就把他打倒。後來我還因為協助逮捕嫌犯，獲頒警方的獎狀呢！」反而會讓人懷疑「是不是真的」？

這些現象實在是很奇妙，但人就是會相信傳聞和風評。明明傳聞和風評都是真偽不明的消息，但我們就是會相信那些透過悠悠之口而擴散開來的閒言閒語。

在歐美甚至還有一種社交技巧，就是當我們希望月暈效應在自己身上發酵時，會刻意拜託好友去散布對自己有利的風評。

這種手法就叫做「我的朋友是約翰」（my friend John）。是一種擅自借用他人之口的技巧，例如散播「我朋友約翰說，海倫的腦袋十分靈光，還曾在數學大賽中得過優勝」等傳聞。**畢竟人們認為第三者說的話，比本人親自開口，可信度**

更高。

看似文靜、柔弱的內向型人士，不妨也可以試著透過第三者的嘴，散播一些風評，讓旁人認同你的優秀。

防止欺壓和騷擾，散播傳聞是訣竅

假設有個學生在學校遭到霸凌。此時，當事人不妨找好朋友協助，散播這樣的傳聞：「你們還真敢絲毫不以為意地欺負吉田。聽說他哥哥是空手道高手，我看你們最好還是小心點吧！」

這種消息一傳開，就算對方是霸凌的慣犯，也會稍微收手了吧。**這就是運用「我的朋友是約翰」手法所操作的負面「月暈效應」**。

霸凌和職權騷擾，加害人都是在「對方不會反擊」的前提下犯行。一旦加害人可以真實地感覺到反擊的意圖，就會發現事態嚴重。

霸凌或職權騷擾的加害人，其實都帶有瞧不起被害人的心態。他們算準了被害人絕對不敢反擊，也不敢把自己受害的事實公諸於世。若能讓他們害怕遭人報復，他們就會收斂惡行。

只要霸凌或職權騷擾的被害人，試著發一次脾氣，就能有效嚇阻對方，日後應該就不會再碰上這樣的事情了。

為避免看似文靜、柔弱的內向型人士遭到強欺弱的霸凌，或面對上司的職權騷擾欺壓，平時的「自我肯定行為」絕不可少，也就是行為舉止要能對等、獨立。

然而，在我們學會舉止對等、獨立之前，懂得運用「我的朋友是約翰」手法，發揮「月暈效應」，築起一道防護牆來保護自己，也非常重要。例如：

「聽說吉田和公司創辦人竹中權左衛門董事長是遠親喔！」

「聽說吉田是會和總經理或專務董事私下一起去釣魚的釣友，他們就像是一群『釣魚狂』呢！」

「據說吉田在學生時期潛心練習過空手道，一發起脾氣來可是很嚇人的喔！」

要是能有這樣的傳聞，加害人也會對你敬畏幾分，從此便不會再有霸凌或職權騷擾的問題發生。

03 共同敵人，拉攏盟友的利器

和主管建立「共通點」的重要性

美國的心理學家弗里茨．海德（Fritz Heider）提出的「平衡理論」（Balance Theory），是在探討三者之間心理狀態的平衡時，非常著名的一個心理學術語。

假設主管A和部屬B、部屬C這三個人之間具有互動關係。當主管A對B和C都寵愛有加時，B和C之間也能維持良好的關係。

然而，當主管A寵愛B、厭惡C時，B和C這兩位同事之間的關係就會不平衡，呈現一種稱不上良好的尷尬關係。

此時，若B也厭惡C，到頭來C也會討厭B，以致於A和B之間的關係更平衡，也就是建立起更良好的關係。

換言之，對A而言，B是「敵人（C）的敵人（B）就是盟友」的關係。**也就是說，看似文靜、柔弱的內向型人士，必須特別留意，切莫讓自己淪為C，否**

則遭其他部屬群起排擠的風險，就會急遽升高。

如前所述，內向型人士必須妥善運用「共通點、相似性原理」，和主管保持良好的關係。如果主管喜歡貓，那就讓自己變成一個貓奴；如果主管愛喝紅酒，那就讓自己棄守啤酒派的陣營，努力投奔紅酒派。

內向者要建立這麼多共通點，以取得主管的寵愛，否則就可能淪為霸凌、職權騷擾等狀況的攻擊標的。倘若主管有討厭的人物或事物，而你也跟著討厭，那麼這一招就會更有效。

能拉近距離的「共同敵人」

當特定事物或人物讓我們感到厭惡時，那就是所謂的「敵人」。一旦對特定人事物感到不認同的地方越多，心中就會更深刻地認定它是「敵人」。

主管的勁敵也是一種「敵人」，所以你當然萬萬不可成為他的莫逆之交。倘若你與主管的「敵人」情誼深厚，那絕對不是件好事。「平衡理論」告訴我們：**與「敵人」過從甚密，會讓你自己也成為主管眼中的「敵人」**。也就是說，要是

你的主管討厭日本職棒的讀賣巨人隊，那麼你就得跟著討厭巨人隊。

此外，建議你可以透過「製造共同的敵人」，來鞏固你和主管之間的連結。試著巧妙地「刺探敵情」，並向主管回報。那麼你和主管之間的關係，也會在一次次資訊提供的過程中，更形加深。

共同的敵人多多益善

「共同的敵人」可以是假想敵，也可以是全新創造出來的。藉由提供許多可能會讓主管萌生厭惡之情的資訊，來製造假想敵、或將假想敵打造成真正的「敵人」，就能讓你與主管之間擁有許多「共同的敵人」，深化彼此的關係。

在你和主管之間，「共同的敵人」是一種祕密。萬一把勁敵視為「敵人」的事曝了光，對方也不見得會基於「回報慾望」（Desire for reciprocation）而將你視為「敵人」，蓄意攻擊。

然而，若你和主管彼此能互通越多祕密，兩者之間就會形成如共犯似的關係，連結便更加緊密。

製造共同的敵人
我說妳倆啊……
我實在很不喜歡那個人……
什麼？妳也是？
我也是！

此外，在煽動主管，讓他萌生同仇敵愾的情緒之際，主管也會比較容易疏忽你犯的錯誤或紕漏。因為主管把注意力全都放在「敵人」身上，以致於忘了關照身旁的人。這一套方法，自古至今都持續有人奉行。

在與日本比鄰的中國，就是把日本當作了「敵人」，煽動反日情緒，以便轉移民眾對共產黨獨裁政府的不滿。而這件事，現在竟還成了中國的國家策略，令人詫異不已。

一旦製造出了「共同的敵人」，民眾眼前所有的不滿和批判，就會全都改由「敵人」來承擔，於是就演變成了「所有的不好，都是因為日本」的思維。因此，這種透過向民眾大肆宣傳「對自己有利的消息」，進行洗腦教育的情況，未來仍會持續發生。

看似文靜、柔弱的內向型人士，最好能祭出「弱者策略」，大量製造「共同敵人」，你不妨也可以大肆向主管宣傳「對自己有利的事」。**畢竟「共同敵人」的存在，能讓彼此心中的「強力盟友」意識更加成長茁壯。**

04 「示弱」就能閃避攻擊

三種不同類型的角色行為

旁人往往認為柔弱寡言的內向型人士不敢反抗、百依百順，於是他們在學校和職場上，就會被當作「弱者」，進而遭到「強者」利用。當然，這裡所謂的「強者」，並不是真正的「強者」，而是指任性又自以為是，總是想跋扈地宰制他人的人。此處為求方便起見，姑且稱他們為「強者」。

然而，前面也向各位說明過，人都只不過是在扮演自己的「角色」。所謂的角色，其實非常多樣。在此就先試著把人分為三大類，再進一步來探討在這三種型態之中，人會扮演哪些不同的「角色」——

- **攻擊型（Aggressive type）：舉止積極、主動，控制慾強**
- **退縮型（Passive type）：舉止消極、被動，依附心強**
- **自我肯定型（Assertive type）：舉止獨立、客觀，公正而中立**

人會依照所處的情況不同，分別展現出這三種不同型態的特質。例如有人在職場上是依附心強的退縮型人物，但在家庭裡卻是個控制慾強的攻擊型人物。

在這三種類型當中，只有自我肯定型的人有資格稱為真正的「強者」。然而在職場或家庭中，往往會把攻擊型的人視為「強者」。

所謂的「自我肯定」，是指獨立、客觀、公正而中立，並且能尊重自己與他人人格的「大人」。他們遇事會以理智判斷，不流於情感，因此這種人才堪稱是最了不起的「強者」。

唱反調有技巧，讓他人呼應你

即使面對攻擊型人士的挑釁，自我肯定型的人也都能不為所動。

暴君主管：「你這個月要是拿不到訂單，那該怎麼辦啊？」

冷靜部屬：「我一直都在努力爭取，所以你會這樣說，我感到十分意外、也覺得困惑。」

暴君主管：「我是在問你打算怎麼負起這個責任，豬頭！」

冷靜部屬：「課長，在職場上用『豬頭』這個字，我認為不太恰當。」

暴君主管：「囉嗦！竟敢每句話都頂嘴。算了，給我做好心理準備……」

冷靜部屬：「啊？請問你指的是什麼樣的準備？」

暴君主管：「算了，給我回座位去……（氣勢熄火）」

光看文字或許不是那麼容易感受得到，這其實是一個暴君主管發動職權騷擾攻勢，最後氣勢熄火的對話案例。暴君主管試圖挑釁，但碰上了一個不為所動的部屬，於是最後只得「呼應」對方的步調。

當暴君主管動怒時，大多數的部屬都會變得很畏縮。這應該就是對暴君主管的行動所產生的「預定和諧」。因為主管勃然大怒而全身發抖、畏畏縮縮，其實是部屬在下意識之間所採取的一種「呼應」行為。

然而，自我肯定型的部屬選擇保持冷靜沉著，與暴君主管對峙，可說是一種刻意的冷處理。**像這種不去呼應對方的行為，就稱為「唱反調」。不過，這裡所指的唱反調，並不代表冷靜的部屬態度桀驁不馴，而是一種「有分寸」的唱反調。**

在上述這個例子當中，如果部屬桀驁不馴地唱反調，情況很可能會演變成互

相叫罵，結果讓唱反調成了雙方相持不下的相互呼應。

在這種情境下，最標準的回應方式，就是適度地「唱反調」，只客觀地指出對方不適當的言論，別向對方發動人身攻擊。透過理性的對應，以不流於情緒的方式，讓主管來呼應部屬——也就是你的態度。

理想的「自我肯定行為」

面對那些惡言相向的人時，最標準且理想的應對方式，就是像上述這樣，用適度地唱反調來回應，讓對方收斂原本那種已流於情緒性的態度，轉為呼應我方冷靜而理性的表現。

然而，除非平時就下定決心，重複進行意象訓練，否則在情急之下，恐怕很難做出這樣的應對。畢竟人在遭到他人怒斥咆哮之後，一時之間難免會顯得很畏縮。而這時的關鍵，就在於如何「熟悉」這種情境，好讓我們可以立即找回冷靜，做出自我肯定型的因應。

有個電視節目，內容是專門跟拍日本警察二十四小時巡邏的情形。在節目中，面對難纏的醉漢，以及態度叛逆的不良少年等人物時，警方的應對實在是很令人敬佩。因為許多在歐美國家會立刻以優勢警力制伏嫌犯的個案，日本警察卻能以冷靜沉著的態度，試圖透過自我肯定行為（Assertive behavor）來解決問題。

能有這樣的表現，除了警察平時會接受一些如何制伏暴徒的訓練之外，更重要的就是他們在巡邏時，也經常會與形形色色的人接觸，促使他們很「熟悉」這些應對方式而已。

因此，若要那些看來文靜、柔弱的內向型人士有樣學樣，難度或許是稍微高了一點。在此，我再傳授給各位另一個「妙招」。

暴君主管：「你這個月要是拿不到訂單，那該怎麼辦啊？」

柔弱部屬：「呃……不好意思，我的頭好痛……（用手撐著眉心）」

暴君主管：「你在說什麼傻話！嗯？你怎麼蹲下去了？」

柔弱部屬：「我的頭好痛，站、站不穩……（發出很難受的呻吟）」

暴君主管：「喂！你還好吧？怎麼會突然頭痛成這樣……喂！要不要幫你叫救護車啊？」

你不妨可以像這樣，試著呈現自己身體孱弱的一面。之後再找機會告訴主管，說你有偏頭痛的老毛病，一聽到巨響或咆哮，症狀就會突然發作。

只要主管親眼看過你這樣發作一次，他的潛意識裡就會烙下恐懼的陰影。因為這位主管會想到：萬一有個三長兩短，自己恐將被追究責任，所以日後他應該就不會再對你做出職權騷擾的舉動了。

05 單純曝光原理，讓人慢慢喜歡你

裁員強風肆虐，如何自保？

如今這個時代，日本各家企業實施裁員已是家常便飯。想盡辦法讓員工主動辭職，或讓員工轉任薪資較差的非正職員工，已成日本企業的常態。例如公司會以希望員工自願辦理優退的名目，實則要抓出裁員對象；或打著「重新開發潛能」之類的旗幟，開設所謂的「冷宮」等。

一般在執行裁員前，都會先預設目標人數。人事部門會先指示各部門主管，例如「你的部門裁五人」、「你那一課裁三人」等，分配好各部門的目標，若離職人數未達分配目標，該部門主管的考績自然就不會好看。

未達到目標人數的主管，到最後甚至可能會被要求「既然還差一個，那就你辭吧」，因此主管們也只得各出奇招，無論如何都要達成目標——簡直就是一場無比殘酷、毫不留情的大風吹遊戲。

你一定覺得，這種公司再待下去，將來也不會有什麼好下場吧。但對於一個無能的老闆而言，想要賺錢，也只能想到撙節成本這種速成方法。再加上日本的人口減少、薪資下跌、內需市場縮小，更導致裁員風氣日益加劇。至於人才短缺等議題，指的其實是非正職的人手十分匱乏，但正職人員的職缺卻是年年遞減。

身處於這樣的社會，我們可以做的，首先就是要盡可能在公司待得越久越好，此外，還要拚命投入副業，為個人的能力打好基礎，好讓自己未來衣食無缺。

然而，該如何避免淪為裁員對象，就是一個需要努力思考的問題。

套牢人心的「全家策略」

各部門主管會優先列入裁員清單的對象，依序是①討厭的人、②無能的人，因此部屬一旦被主管討厭，就算績效再好，都會被裁員；反之，只要成為主管眼前的紅人，即使能力一無可取，都可免於裁員。這種狀況在職場上，可說是家常便飯。

換言之，想避免被列入裁員清單，基本上就是要想辦法成為主管喜歡的人物。

看似文靜、柔弱的內向型人士，平時不會積極設法成為主管的心腹，所以即使主管並不特別討厭他們，到時候仍有可能將他們列入裁員對象，須特別留意。

那麼，內向型人士究竟該祭出什麼樣的「弱者策略」？答案顯而易見，總之就是要成為主管喜歡的人，除此之外別無他法。

既然如此，與其用一些老套的辦法，還不知道能不能成為主管的心腹，倒不如想想該怎麼積極打入主管的「生活圈」。

換言之，就是要和主管建立起一種「想裁也裁不了」的關係。為此，首先最應該打好關係的，不是你的直屬主管，而是鎖定更高一層的主管，甚至是更高層的總經理或董事級主管，你的策略才會更具優勢和保障。

這件事或許很難辦到，但最好的方法，就是搬到那位主管家附近。

「查瓊克法則」（Robert Zajonc）的第二條，談到了「見面越多次越能加深好感」這項「反覆單純曝光原理」。當然，前提是別在過程中引起對方反感、讓對方覺得死纏爛打，而是利用簡單的接觸，以免造成麻煩。

這種關係的經營，並不只是對主管本人，還要兼顧主管的夫人、子女等家庭

成員，也就是把早期全家大小都住在員工宿舍時，凡事排字論輩的那套關係，融入到你的日常生活裡。

甚至還要請你的家人從旁協助，但要注意，不要讓他們開口說出：「做這些事讓人很受不了，我才不要！」之類的抱怨。

「回饋」超乎想像的「弱者策略」

說穿了，這畢竟是個暫時的「求生之計」。倘若你覺得被現在任職的公司裁員，簡直是求之不得，那麼使出這一招來爭取時間，好讓自己往獨立自營的副業邁進，也是很不錯的辦法。

這項求生之計的關鍵，在於你只要有機會與主管的家人見面，就一定要大獻殷勤——有人願意為了自己而殷勤地伺候跑腿，對方當然會覺得非常受寵若驚。

雖然實際上是「全家服務式的附庸關係」，但這個時候，你要清楚地知道這就是生存之道，先以大獻殷勤為首要任務，再做到以下這些事，你和主管之間，看起來就會像是「全家都很熟」——

❶考量主管的家庭結構和所處的環境，仔細評估自己能提供什麼服務。此舉的目的，是為了要讓你更深入主管的家庭核心。

❷提供給主管子女的服務，關鍵在於能否抓住孩子的心。若能抓住孩子的心，主管就連和家人郊遊野餐、運動會、鋼琴發表會、活動隨行、輕旅行等私領域的事，都會邀你一同參與，於是後續你的服務範圍便會逐漸擴大，包括主管夫妻不在家時臨託小孩或臨時接送、跑腿購物等。

當你與主管之間建立起這樣的關係之後，有趣的事情就發生了。**你的直屬主管等長官，因為在公司裡也受各方關照，所以這些主管會對部屬——也就是你特別客氣。**畢竟萬一你把主管的弱點說出去，那麼他可就要傷腦筋了。其他員工看到你們這樣的互動之後，便會逐漸對你行禮如儀，甚至還有員工會來對你奉承討好。或許你會覺得這件事聽來就像漫畫情節一樣荒謬，但事實上，在日式氛圍的社會當中，這種事已是家常便飯。

我放眼看看身邊，有人就靠這一招，在東證一部上市的機械公司晉升到了董事，最後成為子公司的總經理；有人晉升到協理，甚至還當上縣議員，都是因為

有個在某電視台掌權的家族很欣賞他，在背後支持他的緣故。

當然，你必須仔細想想，究竟該盡力服侍哪位長官，千萬不能搞錯對象。但只要選擇合適對象，並且落實執行，所得回饋指日可待，堪稱是個不得了的「弱者策略」。

06 能消弭差異，培養好感的「互補原理」

關係經營，合不合得來才是關鍵

誠如前述，部屬在與主管建立交情的過程中，最重要的是懂得如何運用「反覆單純曝光」和「共通點、相似性原理」這兩項理論。

這種關係的經營，和男女之間的交往如出一轍。男女之間培養感情時，若接觸不夠多，就無法更進一步熟悉彼此。頻繁接觸一段時日之後，就會開始察覺彼此的共通點、相似處。

當雙方接連產生共鳴時，對彼此的「讚」數就會逐漸增加，最後發展到可轉入戀愛模式的狀態。當雙方缺乏共通點，或無法引起共鳴時，就會領悟到「這個人和我合不來」。也就是說，當彼此生長環境、生活方式、興趣和嗜好不同，甚至連個性也不相似……各方面條件都大相逕庭時，兩人就很難發展到交往狀態。

因此，凡是對方喜歡，但自己討厭的事物，都要設法配合對方愛上；凡是對

方討厭，但自己喜歡的事物，都要拚命配合對方嫌棄。

從職場上來看，如果主管喜愛傑尼斯，部屬就要跟著迷戀傑尼斯；主管愛喝日本酒，部屬也要跟著成為日本酒愛好者才行。這些情況，是部屬迎合主管，反之亦然。

維繫關係，如何消除差異點？

就像這樣，主管和部屬之間的「好感」和「信任」關係會在你的經營下日漸深化，但在對了解對方的過程中，彼此的「差異點」也會漸漸浮上檯面。尤其雙方在能力和技術等方面，落差會更大，譬如——

- 主管在完成公司交辦業務上的經驗較多；部屬則較少。
- 主管擅長英文；但部屬英文蹩腳。
- 主管酒量差，不擅應付酒席宴飲；部屬酒量好，很懂得如何炒熱氣氛。
- 主管不擅操作電腦；部屬對電腦駕輕就熟。

在這些差異浮上檯面的過程中，重要的是你必須展現出輔佐對方的態度。若有任一方因為自己的長處而瞧不起人，兩者之間的關係就會出現裂縫。由此可見，在技術上處於優勢的一方，能否展現出全力支援另一方的態度，對於關係的維繫，至關重要。

「互補性」能建立雙方穩固關係

人際關係發展的過程，起初是先有許多「相似處、共通點」，讓人萌生親切感，進而對彼此醞釀出一些「好感」，直到雙方建立一定的信任之後，就會開始體認到彼此的「差異點」。

這時，雙方的關係就會往「讓對方彌補自己的不足」、「我來彌補對方的不足」發展。例如，長得其貌不揚的男士，和美女成了一對情侶。男方的財力，彌補了美女的經濟條件上的匱乏；美女亮麗的外型，和男方的其貌不揚互補。用這樣的關係來解釋，應該就很容易理解了吧。

關係發展到這個階段之後，主管會保護部屬，而部屬也會保護主管，彼此組

成銅牆鐵壁似的正集團。即使面對困難，雙方仍能彼此同心協力、一起面對，堪稱是一種非常理想的關係。

像這種彼此之間「既是老師，又是學生的關係」，在心理學上稱為「互補原理」（Complementarity Principle）。它在以下這五個人際關係深化的過程當中，屬於第四階段。

《第一階段》接觸：建立第一印象（建立「放心」或「有威脅」的形象）

《第二階段》親近：單純曝光效應（常遇見，有時會交談）

《第三階段》固定：共通點、相似性的原理（彼此相似或相同等近似性）

《第四階段》穩固：互補原理（可互補彼此擅常或不擅常的領域）

《第五階段》深化：自我揭露的效果（可坦露煩惱或隱私的關係）

最後則是在踏入彼此的隱私後，所發展出的「自我揭露」階段。只要分階段循序漸進，看似文靜、柔弱的內向型人士，也能建立起良好的人際關係。

看似文靜、柔弱的內向型人士往往比較寡言、內斂，若不適度地表達自己的意見，對方可是不會了解的。重要的是，千萬別隱藏自己的個性。

有時是學生……
那裡可以建立捷徑喔！
哇！
我都不知道還有這一招～
互補關係
有時是老師……
這裡該怎麼翻譯？
這裡要翻成……
English

3

學會誘導技巧，從此不再吃悶虧

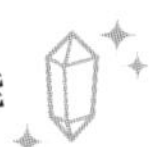

01 掌握兩訣竅，讓「賠罪」更得人心

企圖掩飾過錯或糗態，會有什麼下場？

犯錯或出糗時，最正確的因應之道，就是直接了當地認錯賠罪。若想試圖「掩飾」過錯或糗態，一旦東窗事發，受到拖累的相關人員，憤怒之情將膨脹到無以復加的地步。

然而，如果遇到當下完全沒人察覺這些過錯或糗態，且只要自己不主動開口，事情可能就會隨時間過去而不了了之的時候——也就是「如果什麼都不說，事情應該就能船過水無痕」的情況，的確會令人猶豫該怎麼辦。

要能船過水無痕，必須是當事情萬一不幸東窗事發時，說句「我當時沒發現自己犯錯或出糗」就能切割卸責的情況。如此一來，雖然還是免不了要認錯賠罪，但只要強調過失的不可抗力成分，再加上你並未刻意「湮滅證據」，罪責應該就能減輕。不過，萬一碰上了「怎麼可能沒發現！」之類的強烈指責，或許就難逃說謊欺瞞的罵名了。

換言之，這種「刻意佯裝毫不知情，企圖矇混過關」的情況，日後萬一露餡，還是會被當作「就是在湮滅證據」來看待，激怒蒙受損失的一方。

犯錯或出糗時，直接了當、乾脆明快地認錯賠罪，終究還是唯一的解方。而犯錯後願意坦承的態度，還能成為你為人負責嚴謹的明證——若能好好認錯賠罪，也許能給人一種「老實人」的印象。

誰都會有犯錯或出糗的時候。若趁現在學會妥善賠罪、早日平息旁人怒火的方法，日後一定能派上用場。

以「類懲罰」的方式來搏取同情

犯錯或出糗時，要抑制對方怒氣不致膨脹，讓賠罪的效果更佳，有兩個方法。首先要介紹的是「類懲罰」的呈現方法。這個方法能混淆對方的思路，效果奇佳。

「遠在外地的老家失火了……」

「家裡遭了小偷……」

設法編出諸如此類的狀況，讓自己頓失活力，帶著一臉蒼白的表情，表現出失魂落魄的模樣。只要持續個兩天，身旁的人就會對你寄予高度的同情。接著再見縫插針，報告你的過錯或糗態即可。

部屬：「非常抱歉，我發現我們印製了一萬本的簡介資料上，有很嚴重的校稿疏失。都是我的疏忽！現在只能重印了……」

主管：「什、什麼？我已經再三交待你要仔細確認，現在竟然跟我說校稿有疏失？開什麼玩笑！（氣）」

部屬：「是，真的很抱歉。我覺得自己好像被衰神附身似的。（滿眼淚水）」

主管：「啊？衰神……？話說回來，你家先前才遭小偷了吧？你也太不小心了吧？振作點啦……（冷靜下來）」

這時，主管的腦海裡，隱約浮現了部屬這兩天因為家裡遭小偷，顯得憔悴不已、沮喪消沉的模樣。

主管鮮明地想起的那副模樣，與眼前這個正在報告自己捅了簍子的部屬，自然而然地重疊在一起。於是，在怒不可遏的同時，看著眼前這個部屬可悲的模樣，主管會產生的不是怒氣，而是一股憐憫油然而生。

人類很奇妙，當一個悽慘可憐的人出現在眼前時，我們反而會無法責備他。因為這時主管心中還產生了一種錯覺，誤以為這位部屬已經提前為了這個疏失，連續兩天遭到天譴（受罰）。

讓人虛驚一場的「時間落差式賠罪」

還有一種能有效讓對方的「怒氣」冷靜下來的賠罪方法，也就是利用「時間落差」，分兩階段來道歉。這是一種運用人類大腦負責危機處理的部分，來向人賠罪的方法，適合在小疏失、小問題時使用。

首先，你要把這個疏忽，向主管描述成天大的問題。

部屬：「真的很抱歉，我惹了一個很嚴重的麻煩。對不起，稍後我再向你詳細報告。」

主管：「什麼？怎、怎麼回事？你到底給我闖了什麼禍？」

部屬：「很抱歉。我稍後再向你詳細報告……」

主管：「喂！這樣我會很頭痛欸！你到底搞砸了什麼事？現在就趕緊給我說清楚！（氣）」

就這樣先結束第一階段的賠罪，離開現場。重點是接下來要隔一小段時間，再進行後續說明。

人類的大腦，都是危機處理型的腦。只要察覺到任何危險的「徵兆」，就會繃緊神經，預想各種危險。而這就是保護人類遠離危險，閃避猛獸和天災，讓人類得以存活至今的本能行為。

當主管聽說是「嚴重的麻煩」時，自然會很想了解事情原委。但部屬卻只先道了歉，沒做任何說明，主管當然會心急如焚。想必這時主管腦海中對「嚴重的麻煩」已經萌生了許多擔憂，而且不斷膨脹。之後你只要找個適當時機，向主管再賠罪一次即可。

部屬：「真的很抱歉，其實是我不小心打錯字，結果我們送印的傳單，現在要延後兩天才能交貨。真的很抱歉，給大家添麻煩了。」

如果延遲兩天並不會造成嚴重影響，主管就會放下心中的大石，當他發覺原來事情並沒有想像中那麼的糟，部屬犯的也不算是太大的紕漏，只是白擔心了一場，怒氣也會隨之平息。

02 如何讓口風緊的人「打開心門」？

提問輕描淡寫，別開門見山

許多「看似文靜、柔弱的內向型人士」，都是認真嚴謹、真誠又低調的人。因此，有時就容易讓旁人輕忽他們的存在。

在與人交談的過程中，即使內向型人士開口問：「具體而言，哪些事項算是你說的這個範圍呢？」之類的問題，就是有人會壞心眼地回答：「不能告訴你這麼多。」

包括前述這樣的情境在內，此時你需要記住的，是如何不著痕跡地問出那些對方不想回答、或者想保密的事項。

有些比較敏感的話題，若開門見山地問，對方的口風反而會變得更緊，不願透露。巧妙地加些修飾語句，把話包裝成像是在說「別件事」似的，就能順利套出答案。舉例來說，當你想問四十多歲的人年薪有多少時，要像以下這樣輕描淡寫地問：

提問人：「一般來說，在貴公司這種規模的企業，三十五歲以上的員工，年薪應該都有上百萬了吧？」

回答人：「才沒有，那是以前的事了，現在四十五歲以上都不一定領得了這麼多呢。」

這個問題根本不是一般情況，實際上就是在問對方公司的狀況。只不過是多了些「例如」、「假設」、「一般而言」等修飾語句，對方就察覺不出是在打探他本人的事了。

就因為這些話會讓人陷入「討論一般情況」的錯覺，因此一不小心就會露了口風。再比如：

男：「像妳這樣的美女，交往過的對象該不會已經超過二十人了吧？」

女：「才沒有呢！如果每段感情都交往久一點的話，算起來大概和五、六個人交往過都是正常吧。」

讓別人的回應大不同

就算是刻意拋出錯誤訊息，也能套出對方的真心話或祕密。比方說：

自己：「這種商品的成本應該低的不得了吧？在人力成本低的東南亞加工，進貨成本又不到百分之十，獲利應該很驚人吧？」

對方：「沒那回事。這是國產零件，又在國內加工，成本率有四成呢。」

當對方把話說得太離譜時，總會讓人忍不住開口糾正——就是出於這種「使命感」，使人不經意地就洩露了真心話或小祕密。另外，假託說是傳聞，藉此引誘對方說出自己想要的資訊也是一種方法。譬如：

女：「○○先生，聽說你只和美女交往，是真的嗎？」

男：「啊？是誰亂傳這種謠言……我比較喜歡好相處的人喔。」

此外，當自己說出口的話遭人否定，或受人質疑時，心情就會受到影響。於是便忍不住想拿出證據來證明自己。

自己：「真的嗎？我不相信。你真的沒說謊嗎？」

對方：「我沒說謊。等我一下，我拿手機裡的照片給你看。」

先由自己發動，假裝「開誠布公」，誘使對方「敞開心胸」，吐露祕密，也是一種方法。

同事A：「老實說，我以前和財務部的茉莉約會過。」

同事B：「啊？真的假的？我和茉莉正在交往，她真的和你約會過？我沒聽她說過。」

同事A：「啊？你果然真的在和茉莉交往呀？哈哈哈，沒有啦，我剛才是開玩笑的，別放在心上。什麼嘛！原來你們真的在一起啦！」

越是出人意表的「開誠布公」，對方越會大吃一驚，進而主動說出內心話。

「你覺得那個誰誰怎麼樣？」像這樣的意見探詢，也能引出對方的內心話或真感受。因為在他的意見當中，就會夾雜一些真心話。

自己：「我有個年薪百萬的朋友，對我說百萬根本就稱不上是什麼高收入族群。你覺得呢？我沒領過百萬年薪，所以想知道那是什麼感覺。」

對方：「我的年薪也沒到那種水準，不知道是什麼感覺。」

自己：「啊？真的嗎？我還以為你的年薪早就破百萬了。」

再者，用二選一的方式進行提問，「答案」就會被限縮，比較容易掌握回話的方向。

女：「我做個假設。如果你只能和我或〇〇小姐交往，你會選誰？」

男：「嗯……妳看起來比較體貼，如果是這種情況下，我應該會選妳吧。」

想打探對方真心話時，該怎麼做？
說假設性的話
莫非你的獎金超過二十萬？
哇！你怎麼知道？
刻意把話說得很離譜
那是男朋友送妳的？
才不是呢！我哪有什麼男朋友呀！
用二選一的問題去套話
你比較喜歡吃日本菜還是西餐？
我喜歡中菜，尤其愛吃鍋貼。
選用不著邊際地
讓對方打開心門的問話方式！

03 令強勢的人收回成命，怎麼辦到？

外向者做的「決定」很容易反覆

看似文靜、柔弱的內向型人士有個優點，那就是在做出結論之前，會經過審慎的考慮，並且在下定決心之後就不動搖。反之，能言善道、強勢且外向的人，想法卻經常三心二意。說好聽一點是靈活有彈性，但也可解釋為思維短淺、感情用事。學會和這種人往來的訣竅，能讓你在人際往來上更得心應手——因為這個訣竅，能在你必須說服對方收回成命時，發揮強大的威力。

強勢的前輩：「不好意思，今天的聯誼我不去了。妳們都才二十幾歲，當然無所謂，我可是下個月就三十歲了呢。」

柔弱的晚輩：「啊？前輩，妳突然這樣說，實在很讓人傷腦筋……何況餐廳也是用男女各五人來計算，總共預約了十個人的位子呀！」

強勢的前輩：「預約十位變九位，這點小事店家可以應付的啦！妳現在打個電話改一下不就好了嗎？又不是十個人都臨時取消。」

柔弱的晚輩：「可是這樣對男生那邊不好意思吧？」

強勢的前輩：「沒辦法，我覺得我去了也是白搭。」

柔弱的晚輩：「怎麼會白搭呢？我們這群人當中，就屬前輩妳最出色了，每次聯誼都是妳最搶手，一直以來也都是妳玩得最開心呀！」

強勢的前輩：「呵呵，話是這麼說沒錯。不過呢，現在我突然頓悟了，覺得聯誼既浪費錢又浪費時間。」

柔弱的晚輩：「請妳今天務必參加。今天來參加聯誼的，是媒體介紹過的那家知名企業S公司的人，個個都是帥哥型男喔！如果今天不參加，那以往花在聯誼上的時間、金錢和努力，才是真的都付諸流水呢！」

強勢的前輩：「嗯……說得也是，那我也再加把勁好了。」

你發現了嗎？在說服的過程中，柔弱晚輩究竟是哪句話成功打動了強勢前輩，使其改變心意、同意參加聯誼呢？

讓人無法回頭的一句話

光看這樣不是那麼容易察覺，但其實在這段談話當中，先讓前輩回想起她是以往聯誼時最受歡迎的人，再讓她想像今天聯誼的男士全都是帥哥型男，最後說出「如果今天不參加，那以往花在聯誼上的時間、金錢和努力，才是真的都付諸流水呢！」這句話，正是推了前輩一把的重要關鍵。這就是在各種情境都會看到的一套「說服手法」。

學生：「老師，這個月的課上完後，我就不會再來補習英文了。因為我完全沒進步……」

老師：「你不補習了？太可惜了！你明明進步了很多呀！這時候放棄的話，前面花的時間、努力和補習費，就全都付諸流水了喔！你確定要放棄嗎？」

學生聽到老師這番話之後，心情上會很搖擺。**這就是所謂的「沉沒成本效應」。沉沒成本的英文是 Sunk Cost，人人都會受到它的詛咒。**因為人類對於「失去」的敏感度，比對「得到」更敏銳。

行為經濟學上有一個很明確的「展望理論」（Prospect Theory），可以用來證明人對「患失」的敏感度更勝於「患得」。

投資股票時，往往在我們相中一檔股票，覺得它會漲，並下單買進之後，它就立刻開始下跌。這時仍會有許多投資人覺得後勢還大有可為。然而，若沒有預先設定「跌逾百分之五就認賠賣出」之類的停損點，一旦演變成我們的持股跌跌不休的狀況，會讓我們更是不肯賣掉，畢竟沒人喜歡賠錢吃虧。結果，我們的持股股價多半就是一路溜滑梯，最後慘遭套牢。這種無法在下跌過程中賣股斷頭的心態，正是由於人人都有想「避免損失」的念頭所致。

地方政府的公共建設等也是。例如興建中的水庫或道路，即使已發現未來完成後的效益根本不敷成本，也不會中途叫停。除了因為公共建設牽扯到錯綜複雜的利益之外，中途叫停還會引發反對聲浪，認為已投入的經費將付諸流水。正因如此，那些核電廠的興建案才會停不了手。

當年由英、法兩國共同開發的超音速客機——協和式客機，就是一個很有名的例子。在開發協和式客機的過程中，其實早就發現這款機型將來在製造上會不

敷成本，且對環境也會造成影響，然而因為當時已投入龐大經費，為避免浪費，只好硬著頭皮完成這項專案，甚至還讓這款客機上線服役。後來，協和式客機的服役生涯很快就戛然而止。而當初「無法中途叫停」的情況，也因此被稱為「協和號效應」（Concorde Effect）。

「沉沒成本效應」的運用

人類凡事都會受到「沉沒成本」的心態束縛，例如──

- 已經買了十年的彩券，要是不買到中大獎，前面花的錢就等於全都白費，因此停不了手。
- 企業為了發展多角化經營而發展的新事業，長年來都在虧損，但因投資金額實在太高，所以遲遲無法叫停。
- 和現在的女朋友都已經交往了五年，要是現在分手，過去這段時間的投入就付諸流水，所以不能分手。
- 已經在遊樂設施的人龍裡排隊排了兩個小時，捨不得就這樣放棄，於是只好繼續排下去。

每個人都會被自己投注的「金錢、時間、努力」等沉沒成本所束縛。分明已違反經濟合理性，卻還是硬著頭皮繼續堅持下去。這個概念，也常用在合約談判的最後關頭，藉以讓對方接受更不利的要求。

客戶：「實不相瞞，我昨天有一筆五十萬的帳被跳票了。不好意思，這次簽約我要暫緩。畢竟對我們這種規模的社區小工廠而言，五十萬可是大錢呀！」

業務：「什麼！（汗）我辛苦了三個月，還改了規格，甚至三百多萬的設備購置貸款也都辦下來了。事到如今才說這種話……」

客戶：「沒辦法，對我們這種小公司來說，平白損失了五十萬，還想買三百多萬的設備，實在是太勉強了。況且還要外加八十萬的營業稅，你們公司又說一毛都不能減。要是你們可以考量一下我們的處境，我還可以再考慮考慮。」

業務：「嗯……真拿你沒辦法。（汗）那這樣吧，這次就特別破例，在你一直希望我們調降的消費稅上打個折扣，全部只收整數三百萬，如何？這樣你那五十

萬的損失，也只剩一半了吧。」

客戶：「喔？是嗎？搞什麼？你早點說嘛！那我就簽給你吧。」

這就是最後關頭才說要「退回原點」的一種殺價手法——這種以蒙受了不可抗力的損失為由，暗示一切都要歸零重來的說詞，多半都是在虛張聲勢。畢竟雙方都想簽約，因此即使拒絕對方的要求，對方應該終究還是會簽約。

04 「主導權」如何取得？談判學這樣說

解析弱肉強食的歐美談判術

從歐美的談判術當中，可歸納出以下幾項要訣——

❶絕不透露任何對自己不利的資訊。
❷由我方先提出一定程序的條件。
❸一開始就要和關鍵人物（有決定權的人）談判。
❹盡量安排在自己的主場談判，不要深入敵營。
❺不預設談判期限（即使有也別讓對方知道）。
❻要讓雙方皆得利，並以追求雙贏為目標。

從這些要訣當中，可看出歐美人弱肉強食、深具狩獵民族特色的心態。在要訣❶中提到「絕不透露任何對自己不利的資訊」，乍看之下讓人覺得有失誠懇，

但到了最後的要訣❻，又認為要「以追求雙贏為目標」。有些人或許不禁要質疑：這豈不是相互矛盾了嗎？

簡而言之，在歐美的談判術當中，認為只要最後簽約時營造彼此的雙贏關係就好，過程中則是彼此不斷角力，並以特約條款的形式，在合約中確保若於簽約後發現重大弊端或疏失，有責任的一方須負起恢復原狀或賠償的責任。

要訣❷「由我方先提出一定程序的條件」，是藉由先提出「我希望的條件是○○」，把我方期望當作一個基準點（船錨，也就是英文的anchor），盡可能限縮雙方談判的空間。要訣❸「要和關鍵人物談判」，是因為與沒有決定權的人多談無益。至於要訣❹說要在自己的「主場」談判，此概念和運動賽事一樣，都是要讓我方占據一些主場優勢。

要訣❺的「不預設談判期限」，是為了不讓對方抓到自己的弱點。至於要訣❻則是因為這個是雙務契約，而非單務契約，若非雙方都能接受的內容，日後一定會有人心有不甘。

主張「日後對方會更有利」

如此分析之後，我們就不難看出：所謂的談判其實是一種心理遊戲。為避免弱勢者被強勢者占盡便宜，以下就讓我們一起來學幾招談判用的心理妙招吧！

談判時的立場越強勢，越能占上風。因為談判時可分為兩種角色：「低頭拜託的一方」和「受人請託的一方」。

強勢的是「受人請託的一方」，因此總會開出較高的條件。而弱勢的是希望對方降低條件的「低頭拜託的一方」。面對強勢者所祭出的「條件」，弱勢者必須巧妙地運用論述來說服對方退讓，否則「條件」就不會放寬；條件不放寬，談判就會決裂。

一九七〇年代前期，日本的伊藤洋華堂（Ito Yokado）為了將當時在美國發展的便利商店品牌「7-Eleven」引進日本，派出了經營高層鈴木敏文先生（日後成為7&I控股公司的總經理、董事長，現為榮譽顧問），與美國的南方製冰公司（Southland Ice Company）展開歷時兩年的談判。鈴木敏文親赴敵營，堅毅不撓，

是一個頗負盛名的談判案例。

起初南方製冰公司堅持必須以美日「合資」的型態，才同意在日本發展7-Eleven。而鈴木敏文認為南方製冰公司不了解日本零售市場的實際狀況，若對7-Eleven在日本的經營多所置喙，恐不利業務發展，因此堅持主張雙方應為「合作」關係，終於說服了對方。

因為當年的時空背景，是日本零售業的霸主大榮（Daiei），已不期待與南方製冰公司合作，所以鈴木敏文才敢強勢堅持立場。

然而，雙方的合作談判陷入了僵局。因為除了天價的簽約金之外，南方製冰公司還要求日方支付總營收的百分之一，作為品牌授權的權利金。鈴木敏文悍然拒絕了這個要求，強調伊藤洋華堂要把美國的那一套系統依日本需求進行調整，須投入許多成本，不可能支付百分之零點五以上的權利金。換言之，鈴木敏文在此已定下了一個船錨。而南方製冰公司第一時間當然沒有同意。

於是，鈴木敏文把雙方的議價單位，從百分比改成了金額，並向美方表示權利金稍低，對伊藤洋華堂的負擔較輕，便可在日本快速展店；展店數越多，就算權利金只有百分之零點五，金額仍會飛快增長。最後談判的結果，雙方以百分之零點六達成共識。而這都是因為鈴木敏文向對方強調「未來會更有利」的論述，才讓對方妥協。

只要提出「新條件」，就能掌控主導權

談判就是各方勢力的拉鋸，因此只要稍有不慎，就會被打回原形。必須像伊藤洋華堂當年在進行 7-Eleven 合作談判那樣，靈活地將我方的主張包裝成對方的好處，循循善誘、堅毅不撓地表述，才能成功。

此外，還有一招談判技巧，那就是在談判過程中端出新的條件，轉移對方的注意力，藉此讓「低頭拜託的一方」和「受人請託的一方」對調。

顧客：「電腦終究還是要在網路上買，才會有夠低的折扣。」

店員：「你要找電腦嗎？今天在本店購買的話，可多送百分之二的點數喔！」

顧客：「唔……這部電腦會送百分之五的點數，再多加百分之二的話，就是會送我百分之七的點數囉？」

店員：「沒錯，只有今天才有這個特別優惠。」

顧客：「唔……但好像還是網路上比較便宜……」

店員：「這位貴賓，若有百分之七的點數回饋，價格應該不會比網路差。」

顧客：「是嗎……再多加個百分之三，湊百分之十嘛！要是能打九折給我，我今天就買。拜託嘛！應該可以吧？」

店員：「這位貴賓，要折扣到百分之十，本店真的有困難，這樣還是請你在網路上購買好了。」

顧客：「哎喲，拜託拜託……我想今天就把電腦買回家啦！」

店員：「這樣啊……那就給你一個超級大優惠，再多送百分之一，總共有百分之八的點數回饋。不過，就只限這一款機型喔。」

顧客：「好，那就百分之八吧。我就要這個機型，謝謝。」

只要像這樣端出新的條件，讓對方轉移注意力，原本「受人請託」的顧客，就變成了「低頭拜託的一方」。這種案例其實很常見。誘因要一點一點地端出來，才能吸引對方的注意——因為這樣吊人胃口，會讓對方在情急之下主動出擊。

05 卸下他人防備，瞬間接受請求

容易接受的要求，讓人一口答應

在向人低頭拜託時，關鍵在於要選擇對方容易接受的要求。

主管：「山田，今天能不能拜託你加班半小時？」

部屬：「好的，沒問題。有什麼任務嗎？」

主管：「你英文很不錯，對吧？我記得你的多益是……」

部屬：「八百六十分！」

主管：「我把這些英文丟進電腦的翻譯工具裡，結果翻出來的日文亂七八糟。你能幫我改成普通的日文嗎？」

部屬：「好的，舉手之勞。啊？是這一份呀？（汗）」

主管：「是啊，有問題嗎？」

部屬：「沒問題，我做……（這種東西半小時哪做得完啊！）」

先說「半小時」，讓部屬以為是件簡單的小事，結果卻是個要花兩小時的任務。但部屬既然已經說了「好」，也只能摸摸鼻子，在當天處理完畢。

這種心態或許有點惡劣，但如果主管有心騙部屬上勾，只要用「大家都說你英文很好」，就能讓部屬束手就擒。**人只要覺得是「幫個小忙」，就會一口答應。**

由於這種手法是在一開始先拋出容易接的球，因此這個心理妙招就稱為「低飛球法」（Low-ball Technique）。

在我們的生活中，這種案例十分常見。例如你一進房仲公司找房子，業務就說：「這是今天才上架的公寓物件，價格又便宜，應該馬上就能定下來吧。」你匆匆地看過物件後，很快地就簽了約，但一直到了下雨天，你才發現公寓前的那條路會淹水。

又或者你拿到了一張生啤酒一杯五十元的折價券，便興高采烈地前往那家居酒屋，結果餐點上桌才發現：生啤酒的杯子很小，其他餐點也很貴。

若先說「YES」，就會接受後續的要求

前面提到這種「讓對方以為是舉手之勞，便隨口答應」的方法，當然不是個長久之計。畢竟對方上過一次當之後，就會開始提高警覺了。

此時，要設法先滿足對方的自尊心，再對對方的能力透露些微不可置信，就又可以輕易地讓對方接受你的要求了。

主管：「山田，你英文程度很好，對吧？我記得你的多益是……」

部屬：「八百六十分！」

主管：「哇，真厲害，不愧是我們公司未來的希望呀！」

部屬：「不不不，你太過獎了。」

主管：「不過，就算你的英文再好，也很難在明天之前翻譯出這些文件吧？」

部屬：「是哪些文件呢？喔，這個呀？明天之前做好就行了嗎？」

主管：「哦？你願意幫忙嗎？太了不起了！你這個部屬真可靠呀！」

雖是稱讚，但透露著些微輕蔑。如此一來，越是自尊心強的人，越容易不服

氣地答應。若你眼前有個氣燄囂張的酒國英豪，不妨問問對方「有辦法一口氣喝光一杯龍舌蘭嗎」？應該就能撂倒對方吧。

此外，**人有一種慣性，只要一開始說了「YES」，就會想一直「YES」下去。這種慣性稱為「一致性理論」。你亦可運用對方的這種心態，以「低飛球法」慢慢拉高要求，也就是所謂的「得寸進尺法」**。

同事A：「鈴木先生，你可以來幫忙折一下邀請函嗎？只要一下就好。」

同事B：「嗯，可以啊（YES）。折兩折對吧？這裡有三百張左右吧？」

同事A：「那可以順便請你把折好的邀請函放進信封裡嗎？」

同事B：「啊？喔，可以啊（YES）。這點小事，沒問題。」

同事A：「還有，不好意思，可以請你把信封黏好，再貼上地址名條嗎？」

同事B：「啊？又是我……？好吧，是可以啦（YES）。結果根本就是要我做全部嘛……」

只要先讓對方說「YES」，接著再陸續拋出稍微大一點的要求，對方也都會同意。

除此之外，若無論如何就是希望對方答應你的要求時，**使用「以退為進法」，可讓你無往不利**。

這種手法，是刻意用一個虛構的過分要求，讓對方拒絕後，才開始談判攻防。在日常生活中，它其實是大家經常不經意使用的一種交涉手法。

小孩：「把拔，我想要這個電玩遊戲。」

爸爸：「不行啦！上個月不是才剛買給你嗎？別這麼任性。」

小孩：「啊……不能買喔？這個很棒欸……（意志消沉）那買今天出的《快樂快樂月刊》給我嘛！」

爸爸：「啊？漫畫書啊？好吧，買本漫畫應該無妨吧。」

＊　＊　＊

業務：「我們這是新產品，能不能陳列在店頭所有的貨架上？」

商家：「不行啦，那這樣貨架上不就全都是你家的商品了嗎？不行不行！」

業務：「啊……不行喔？傷惱筋……（意志消沉）那、那這樣好了，那我只用上面這三層，這樣總行了吧？」

商家：「啊？只用上面三層？唔……好吧，應該可以吧。」

小孩如果一開始就央求爸爸「買漫畫」，遭拒絕的機率恐怕會相當高；而業務員如果一開始就拜託商家「讓商品陳列在店頭貨架最上面的那三層」，也極有可能被拒絕。

當直接提出真正訴求，極可能遭到拒絕時，不妨先提出一個虛構的過分要求，讓對方先拒絕。因為當我們遭人拒絕而感到失望落寞時，對方也會萌生些微的罪惡感。這時我們再見縫插針，提出退而求其次的請求，對方往往就會接受。

從對方的角度看來，當我方提出退而求其次的請求時，就像是在讓步。因此，對方也會跟著退讓，期能與我方妥協。這種現象，是因為人在受到他人恩惠時，會有一種不得不回報對方的心態，也就是「互惠原則」作用下的結果。

06 使內向者更有競爭力的習慣

出人頭地與「內向」或「外向」無關

在職場上，若拿「看似文靜、柔弱的內向型人士」和「看似能言善道、作風強勢的外向型人士」來相比，各位覺得哪一種人比較有機會出人頭地呢？

大部分的人應該都會認為「外向型的人比較有機會出人頭地」，但這其實是不對的。

如前所述，主管會提拔的是「自己喜歡的部屬」。而會列入裁員候選人清單的，永遠都是自己討厭的部屬。所以，在職場上要出人頭地，與「內向型」或「外向型」根本就沒有關係。此外，出人頭地基本上也和過去的貢獻度、或目前的績效等因素無關。簡而言之，關鍵其實是要成為主管青睞的部屬。

前面也提過，我們會討厭一個人，是因為那個人對自己造成了威脅，且讓我們感到無法認同。這份情緒，可進一步分析如下：

- 「輕蔑」——對外貌或儀容、態度、禮貌欠佳者感到不悅。
- 「嫉妒」——向來覺得比不上自己的那個人，突然得到比自己更好的評價，就會令人感到不悅。
- 「背叛」——對背信毀諾、辜負期待者感到不悅。
- 「否定」——對否定、攻擊自己的人感到不悅。
- 「輕視」——對顯然瞧不起自己的人感到不悅。
- 「投射」——對那些我行我素，行為舉止讓出自己「覺得不妥」的人感到不悅。
- 「歧視」——對那些與自己隸屬不同宗教、人種、團體者感到不悅。

這些情緒是複合、多重的，因此須特別留意，別讓主管對我們懷有這些看法，更重要的是必須反覆操作單純曝光，並建立能與主管同心共感的連結。

認真老實，反而無法承受「期望」

相較於「看似能言善道、作風強勢的外向型人士」，「看似文靜、柔弱的內向型人士」的觀察力敏銳，凡事皆謹慎以對，遭主管嫌惡的因子相對較少。畢竟他們與「外向型人士」不同，看起來不像是氣燄囂張的人。

「內向型人士」唯一要擔心的，就是從情感層面來看，當主管對他們寄予厚望時，他們無法達到主管的期望。

當主管提議「我覺得你可以，要不要試試？」時，內向型人士往往不太會滿懷自信地回應，這一點實在令人擔憂。因為「內向型人士」多半是既老實又認真的人，他們含蓄且過於謹慎的特質，的確會導致他們做出這樣的反應——總在這種時候說出不置可否的回答。

這種時候，那些「看似能言善道、作風強勢的外向型人士」，就可以滿懷自信地回答「感謝抬愛，請讓我試試」。於是「外向型人士」就在這個地方，與「內向型人士」拉開了差距。

內向者要懂得提升自我效能

即使是在面對主管的「期望」時，「內向型人士」想必也都是用一絲不苟的

因為太認真、老實……

你願意把任務交付給我，我覺得很榮幸……
但如果考量到各種萬一，
我覺得我很難決定要不要「試試看」。
那個
這個
這樣是可以把任務交給妳嗎……？
到底是行還是不行？

神情來回答。

他們可能會很坦白地招認，說：「我沒有把握自己究竟能不能做到……」而聽到這樣的答覆後，主管當然會忍不住懷疑「這個人究竟有沒有心要做事？」這種時候，還是要多學學「外向型人士」，回答：「感謝你給我這個機會，請讓我試試。」否則主管對他們的評價就會打折。

因此，在這個段落，就讓我來傳授幾個培養「自我效能」的妙招，幫助「看似文靜、柔弱的內向型人士」懷著自信，勇敢地做出「我一定辦得到，就上吧！」的決定。

所謂的「自我效能」，是由美國心理學家亞伯特．班度拉（Albert Bandura）所提出的一個概念，意指人在面對課題時，能相信「自己可以做得到」。這種信念，也可說是一把開啟動機的鑰匙。只要人在做某件事的同時，內心懷抱著絲毫「我可能辦不到……」的憂慮，那麼就算再怎麼努力，最後幾乎都還是會難逃失敗。這就是所謂的「反效果法則」。因為潛意識的力量太過強大，會使人原本該有的能力無從發揮。

人若要對自己堅信不疑，「自我效能」就是一種極為重要的信念。班度拉建議想提升自我效能的人，不妨養成以下這些習慣——

- **成就表現**：回想過去自己曾在努力後達到的成就。
- **替代經驗**：仔細觀察別人進行某事的過程，進而體認自己也能做得到。
- **言語說服**：模擬自己達到成就的過程，進行邏輯性的分析，並認同分析結果。
- **情緒激發**：收看令人熱血沸騰的連續劇，或閱讀傳記故事，進而受到感化。
- **意象訓練**：在腦中反覆想像一切都順心如意的過程。

在這裡，也衷心建議內向者要試著透過以上這些習慣，培養出「能回應主管期望的心理素質」。

4

搞定難纏對象的「臨場應對術」

01 駕馭自視甚高的人，就靠「溫莎效應」

桀驁不馴，拒絕請託的人

在職場上碰到自視甚高、令人生厭的人物時，總要特別費神、小心。

A：「山本小姐，不好意思，由於這次由我負責籌辦新品發表會。我有個不情之請，想借上次妳主辦時的資料來拜讀。」

B：「上次的資料？那種東西看了也沒用，妳自己想想該怎麼做吧！我也是在沒有任何參考資料的情況下，自己一個人從頭到尾想出來的呀。」

A：「不不不，這次負責人選決定得很突然，對我來說實在是個重擔……」

B：「既然擔子那麼重，從一開始就不該答應接下，怎麼不去回絕呀？」

A：「坦白說我也很頭痛，能不能請你幫幫忙？拜託拜託！」

B：「不要，為什麼我得幫不同部門的人做事？」

A：「真的不行嗎？」

B：「不行，妳要自己想，這樣工作能力才會提升，這都是為了妳好啊！」

A：「……我知道了。（汗）」

在職場上，難免會遇上這種彆扭的怪人。就算是公司裡的同事來低頭苦求，他們還是能不以為意地拒絕「請託」。

尤其自尊心越強的人，越容易使出這種壞心眼的手段。因為這些人性格孤僻，平常完全不會想請人幫忙，所以拒絕別人時也毫不猶豫。

在他們心裡，帶著瞧不起旁人、認為別人「都是飯桶」的心理。除非主管有指示或下令，否則「拒絕同事請託」這件事，在他們的觀念中完全合理。相信你一定覺得疑惑，為什麼他們會這麼彆扭、這麼愛鬧脾氣呢？

認同與讚美，能讓他們龍心大悅

因為這些人自命不凡，自負能力出眾，卻得不到身邊任何人的認同，因而覺得不得志。然而，如果他們真的夠出類拔萃，值得旁人敬畏三分的話，就不會鬧這種脾氣了。

不好不壞的半調子，卻只有自命不凡的念頭比別人強、還老是獨來獨往的人，才會有這樣的毛病。這就是會在心裡吶喊「各位啊，認同我的能力吧！」的那種人。

不幸的是，這種人因為平常在言談間就常透露出自視甚高的訊息，所以不會有任何人敢靠近他。這種天涯孤獨的境遇，都是他們自己造成的。

遇到這種人，若想尋求他們幫忙，就要認同他們「傑出的能力」。不管他們的能力究竟有沒有實際績效或根據可供證明，總之認同就對了。如此一來，情況應該就會為之丕變。

A：「山本小姐，我聽說妳以前負責籌辦的新品發表會，辦得超級成功。尤其是妳那個前所未有的嶄新配置，大受好評。我以前在地區分公司，不知道妳的事，來到總公司之後，發現大家都對妳讚不絕口。」

B：「唔？上次的發表會？喔……是嗎？大家都讚不絕口？」

A：「是呀！佐藤課長說很棒，旁邊那個部門的近藤協理，也說那場發表會是劃時代的發表會，另外我還聽說過各方對妳的許多好評。」

B：「哦……是嗎？那時候要是妳在就好了，呵呵呵。不過。怎麼突然提起這個？」

A：「其實是因為這次不知道怎麼搞的，發表會竟然由我來負責籌辦。主管還特別交待，一定要來請教山本小姐。請妳指導我好嗎？」

B：「可以呀，那我就先把當時的資料 email 給妳吧。」

受人稱讚時，人都會覺得很開心。而且向當事人傳達周遭的肯定，會比直接當著面稱讚，更令當事人開心。

這種現象稱為「溫莎效應」（Windsor Effect）。自己的讚美，對方聽起來可能會覺得是在客套恭維；但別人的肯定，能讓內容更具可信度。

02 態度有敵意的人，能這樣巧妙回擊

同事把自己當勁敵，如何應對？

自己完全不以為意，卻有同事莫名其妙地把自己當成了勁敵，這種情況實在很麻煩。

A：「你這個月業績做到多少了？」

B：「大概才做到目標的三成左右吧。況且這個月已經沒有機會向客戶簡報了，情況不妙啊。」

A：「哇……你已經沒機會簡報了呀？那我可能還好一點。」

B：「嗯，你應該可以輕鬆達到目標吧？我這個月已經放棄了……」

A：「別放棄嘛！你要是不盡全力，那我贏了也沒意思。」

要是對方一直懷有這種競爭心態，說不定哪天會在什麼地方扯你的後腿。這種人隨時都在等著自己的勁敵失勢，因此無時無刻都在伺機打擊勁敵的心理層面。

這種人常常有這樣的狀況，明明平日的成績或表現根本不怎麼樣，卻覺得能和成績出色的你平起平坐，這真的是想太多了，講白了就是個自以為是的人。

當你選擇謙讓以對，這些自以為是的人就更容易「猖狂得意」，用上對下的態度出言不遜，甚至擺出一副令人生厭的態度。各位要知道，選擇以和為貴、默不作聲的方式，就會助長這些人的氣燄，因此你要不著痕跡地設下「圈套」，先擊潰對方的信心，讓他們自掘墳墓。

當對方摩拳擦掌、滿懷鬥志之際，就是你出手的好時機。例如，當對方要去進行一場重要的簡報，或下班後有約會時，只要你事前備妥該說的「那句話」，就能有效打擊對方。

瓦解對方信心的妙招

至於該說什麼呢？對於那些接下來要進行重要簡報的人，我們要給一句忠告。

「你要去Q公司做簡報了呀？加油喔。我聽說呀，Q公司喜歡乾淨俐落的簡報。只要別說出你平常老是愛說那些『呃……』或『這個……』之類的停頓詞，

對方一定會接受你的提案。還有啊，你平常笑容太少，再多擺出笑臉，笑嘻嘻地簡報，效果一定會更好。」

臨上場前才給建議，就會產生促發效應（Priming Effect）。所謂的促發，是指「引爆點」、「起爆劑」的意思。也就是說，先進到腦中的資訊，會影響人後續的行為。

越是想要戒掉自己的口頭禪，越是不斷提醒自己要多擺出笑臉，反而越無法像平常一樣自在地說話，整場簡報當然就會變得亂七八糟。

我今天就會達成業績目標，你呢？
啊？還沒？
有點不妙吧？
……
聽說A公司的協理認為，只要不露出牙齒，就不算是笑喔。
呵、呵
要露牙齒……
呃……
要露出牙齒才行！
一直都在想著牙齒，根本無法專心。

03 客戶不守規則，圓融壓制的妙方

附庸心態將使「控制慾」膨脹

交期要求得比別人短，卻總是拖最後一刻才下訂單。要是有個這樣的客戶，真的會讓人十分傷透腦筋。

即使已事先通知對方，說要在〇月△日的中午之前下單，才能在〇月×日前交貨，但就是有客戶會大搖大擺地說：「〇月△日下午三點之前一定會下訂單，你們想想辦法啦。」

碰到這種客戶，的確會很想回絕他的訂單，但回絕了這張訂單，勢必會影響到其他大訂單，所以只得一再容忍客戶的任性妄為。畢竟對方是大公司、大客戶，你也只有聽命行事的份。於是你每次都被客戶耍得團團轉，忙得暈頭轉向。

你得一再地向自家工廠的技師們低頭拜託，請他們想辦法幫忙趕出訂單的貨量才行。而技師們早就覺得你煩透了，甚至怒罵：「你給我站在我們的立場好好想想！」但就算技師們咆哮地對你說：「就是因為有你這種業務，我們才會被搞出這麼多麻煩事！」你也只能鞠躬哈腰地說：「真的很抱歉。」

不僅如此，客戶還會三不五時就要求：「這次營業稅就算你們的嘛！」要是接受了這個條件，回去一定會挨主管的罵：「豬頭！你是不是又答應降價了！」

該怎麼拒絕別人這些不合理的要求呢？——別說是想出什麼妙招了，可能連那些只會向部屬破口大罵的主管，你都已覺得全無好感。

若不論對方提出任何要求，你都照單全收，那就會助長對方的氣勢。因為只要一方有「附庸心態」，另一方的「控制慾」就會逐漸膨脹。

釋放「還有其他選擇」的訊息

男女之間的關係也一樣。如果情侶是因為其中一方苦苦哀求說：「拜託，和我交往吧！」才開始交往，那麼「最小興趣原則」往往就會開始發酵——其中一方會因為「迷戀對方」的這個弱點，而採取迎合的態度，於是情侶之間便無法維持對等的關係。一旦雙方形成一種建立在附庸心態上的情誼，也就是一方懷有「我

是同情你才和你交往」的傲慢心態，另一方則認為「是我拜託他和我交往」，那麼情侶之間的「控制」與「附庸」關係便就此成立。

心理學上認為，當我們對他人懷有最高程度的興趣時，對方就只會對我們表示最低程度的興趣，故將這個理論稱為「最小興趣原則」。當人與人之間處於「控制」或「附庸」關係時，這份關係就很難長久維繫下去。

換言之，人與人之間必須維持對等的關係，也就是要追求「自我肯定」。**要建立自我肯定的關係，關鍵在於要跳脫「附庸」。淪為「附庸」的那一方，要讓「控制」的那一方知道，自己是還有其他選擇的。**

在男女關係之中，淪為「附庸」的一方要讓對方知道自己還有其他異性追求，也就是營造「搶手」的氣氛。你不妨創造一些情境，例如以參加異性朋友邀約的餐敘為由，拒絕另一半的要求。

與大企業客戶往來時，小廠商要以「接了其他訂單」為由，明白表示無法對大企業客戶的要求照單全收，也就是自己必須遵守先後順序的這個難處。如此一來，你就能逐步與對方建立近乎對等的關係。別忘了強調你是以先下單者優先處理為原則，而不是一口就回絕對方要求。長此以往，對方就會慢慢不敢再做過分的要求。

當這些客戶都學乖，懂得在期限內下單之後，記得對他們說聲：「感謝你每次都準時下單」。此外，還要告訴客戶：「感謝你不再要求降價。」

當你不斷地訴說這些話語，它們就會烙印在對方的潛意識裡。這樣的過程稱為「畢馬龍效應」（Pygmalion Effect）或「教師期待效應」——當屢次得到同一句評語時，我們就會下意識地表現出符合這句評語的態度。因為人都有一種習性：當獲得讚揚時，就會不自覺地盡量做出那些受人讚揚的行為。

04 脾氣暴躁的人，有何相處之道？

輕易發怒，無法掌握全局

世界上到處都有易怒的人。所謂的憤怒，是由於人壓抑不了自己內心的惶恐，因而外顯的一種現象。

換言之，當面對超乎自己想像的狀況時，惶恐就會瞬間蔓延全身，使人們對眼前的狀況感到怒不可遏。講明白一點，就是器量狹小、心態幼稚的人。舉例來說，有些人就是會在對話過程中動氣，隨便開口打斷別人的話。

A：「就是這麼一回事。所以要請你調整一下既往的工作流程……」

B：「什麼？（怒）開什麼玩笑？別說傻話了！（怒氣沖天）」

A：「可、可是……這不就是上次開會的共識嗎……？（汗）」

B：「才不是！你不要隨口就說是大家的共識！我壓根兒都不知道有這件事！（怒）」

A：「就算你說不知道……這、這樣是在找我的麻煩……（困擾）」

B：「隨便你怎麼想吧！開什麼玩笑，怎麼可以任意亂改工作流程！（怒）」

就這樣，對方瞬間就變成了一個滾燙的熱水瓶，再怎麼談都沒有交集。總之這種人就是無法好好保持冷靜，不願意把話聽到最後，因此每當要和他們說話時，總會被惹毛。

這種類型的人，可說是不理性到了愚蠢的地步，讓人根本就不想和他們交談對話。他們老是不分青紅皂白地發火動怒，以致於總是無法完整掌握事情的全貌。

其實有些事只要掌握了全貌，應該就會說「喔，原來如此」才對，但他們總會因為零碎的資訊而貿然生氣，所以要花很多時間和心力，才能夠讓他們釐清事情的全貌，是很難纏的人物。

讓我們來思考一下：有沒有什麼辦法可以讓這種人一口氣把話聽到最後呢？

對「憤怒的表情」做出反應

其實，這種人只要能了解事情的來龍去脈，就能接受眼前的所有狀況。他們

也能想像自己話聽到一半就不分青紅皂白地動怒，究竟會有多尷尬。

但這些想像，不僅沒有強化他們認為「生氣就糗了」的念頭，反而還可能讓他們覺得「對方的說話方式不對，我生氣是應該的」。他們並不懂得反省自己，更無法學會「下次要冷靜地把話聽完」。因此，他們總是在重蹈覆轍，老是一下子就動怒。

和這種動不動就發火的人說話，要先說前言，再進入正題。然而，只要說話方式不對，他們又會沒聽幾句就生氣。

A：「關於工作流程的事情……你可不可以冷靜地、耐心地把話聽完，不要一下就生氣？」

B：「你說這種話是什麼意思？太沒禮貌了吧！我又不是小孩子。（怒）」

要是對方像這樣，才剛開始說話就怒氣衝天，我們也會覺得很疲憊。前面這個例子，因為用了上對下的表達方式，所以事態才會演變至此。正確的做法，是要先放低姿態。用戰戰兢兢的態度，投石問路。

A：「我有話想跟你說，但我怕你會罵我。」

B：「哦？是會讓我生氣的事嗎？」

A：「不，不是的，只是我擔心話才說到一半，你就會動怒……」

B：「你的意思是要我先閉上嘴把話聽完囉？」

A：「沒錯，這樣我才能放心和你說話，拜託你了。」

只要先說了這段前言，對方應該會接受你的請求，發揮自制力。要是在談話過程中，對方看似快要發火，你就要立刻對這樣的態度做出反應：「你看，你又生氣了，我好害怕……」表現出你的畏怯，以牽制對方的行為。如此一來，就能讓對方的自制力延續到最後。

05 遭遇騷擾怎麼辦？這樣反擊更智慧

錄音筆是你的強力後盾

職權騷擾和性騷擾，其實與霸凌一樣，都是很根深蒂固、盤根錯節的問題。對被害人而言，這些問題的確茲事體大，但加害人卻總是用一些常見的詭辯，例如「我沒那個意思」或「我只是開開玩笑」等，橫行於世。因此，這些問題遲遲不見消弭。

有時加害人甚至還會擺出一副被害人的模樣。在生活周遭，我們也不時可以看到一些加害人站出來大吵大鬧，宣稱「有人想設圈套害我！」的狀況。另外，即使被害人向公司高層舉發，最後事情仍被敷衍、粉飾，讓被害人的處境陷於不利的情況，更是屢見不鮮。

因此，我們應該先預設自己隨時都有可能成為職權騷擾或性騷擾的受害人，並確實學會與惡勢力對抗的方法。其中，最有效的方法，就是要留下證據。因為即使報警或打官司，若缺乏證據，都不會有勝算。

如今，一隻功能強大、可長時間錄音的錄音筆，只要台幣一、兩千就買得到。隨身攜帶錄音筆，是很重要的保身之舉。只要你預期可能會發生職權騷擾或性騷擾，就要立即按下錄音筆的電源開關。若不事先按下開關，到了關鍵時刻，就有可能沒錄到重要段落。

請千萬記得：錄音筆是一種強大的防身用品，它隨時隨地都能成為職權騷擾或性騷擾被害人的後盾。

職權騷擾、性騷擾的反制法

讓我們再來看一下，萬一真的碰上職權騷擾或性騷擾，該如何制止對方。

主管：「你老是出狀況，是打算讓我顏面掃地是嗎？」

部屬：「P公司的訂單會被搶走，都是因為A公司祭出了低價攻勢。」

主管：「少囉嗦！都是因為你蠢、你笨，客戶才會被A公司搶走！」

部屬：「協理，蠢和笨這種字眼，似乎不太適合在職場上出現？」

主管：「你有什麼意見？你算老幾啊？出包的可是你欸！」

部屬：「有些話是不能說的……（不發一語地盯著主管看）……」

主管：「氣死我了……算了，下次給我小心點……（氣勢熄火）」

部屬若能鼓起勇氣，適度地與主管唱反調，採取自我肯定型的因應措施，主管終究也只得呼應部屬冷靜的態度。

受到欺壓威嚇就退縮，恰巧呼應了主管的怒氣，而這樣做只會助長職權騷擾越演越烈。此外，部屬還要不發一語地盯著主管看。不發一語的沉默，是一項強而有力的武器，讓對方猜不透你的心思。不過，萬一碰上的是性騷擾，我們該如何因應呢？

主管：「哇！妳今天的裙子也好短喔！」

部屬：「協理，你這樣是性騷擾，請不要說那些下流的話！」

要斬釘截鐵地打斷對方說的話。尷尬地笑笑，或裝作充耳不聞，只會助長對方的氣勢，是最要不得的處理方式。你應該在眾目睽睽之下，嚴正地指責對方，將他定罪。另外，在有包廂的居酒屋等密室裡，只有兩人獨處時，若對方企圖碰觸你的身體，你要馬上用力打他的手，讓他立刻清醒。接著你要隨即起身回家，用行動來表示憤怒。

若你當場威脅對方說：「我已經全程錄音了。」固然也是一個有效嚇阻的方法，但要留意別被對方搶走錄音筆。此外，聯合幾位同事，透過書面形式一起發聲，要求「若不停止職權騷擾，我們就向高層投訴」，利用全體一致效應，也不失為一個有效的辦法。

06 滿足認同需求，叨念不休的人會閉嘴

「說話沒完沒了」的背後原因

在職場上，與同事或資深員工之間的對話，還可以找個適當時機結束話題。然而，與主管之間的對話，往往不是真正的「對話」，而是主管的吹噓、說教、忠告、當年勇……，種類繁多，幾乎是單方面的訴說。要是部屬想結束話題，就會在主管心中留下不好的印象。應該有很多人過去已試過各種方法，但實際上多半都是鎩羽而歸。

部屬：「課長，這些話我上次就聽過了，已經很明白您的意思了。」

主管：「因為這些話很重要，我才會一再耳提面命地說呀。你那是什麼口氣啊？（怒）」

＊　＊　＊

部屬：「不好意思，打斷您說話，我三點之前要去W公司。」

主管：「去那裡做什麼？什麼時候回來？」

部屬：「我要送報價單過去，大概六點半左右回來……」

主管：「那好，後面就等你回來再說。記得早點回來啊！」

＊ ＊ ＊

部屬：「協理，很抱歉打斷您說話，剛才G公司寄了封緊急的email來，我得先去處理。」

主管：「別管它。G公司向來都是一家我行我素的公司，把客戶晾在一邊，也是一種業務技巧。」

如上所示，部屬很難結束掉主管開口談的話題。然而，**各位是否深入研究、探討過「主管為什麼說起話來就沒完沒了？」不先掌握箇中原因，就無法讓他們長話短說。**

其實，主管是因為得不到部屬的認同，而感到不滿、不安。「得不到部屬認同」的感覺，正是造成主管們說話沒完沒了的原因所在。

滿足「認同需求」的好話

換言之，主管的「認同需求」沒有得到滿足。所謂的「認同需求」，其實就是想獲得認同、獲得讚賞的念頭，這種念頭人人都有，是一種很原始的需求。

當主管的認同需求無法獲得滿足時，說起話來就會沒完沒了。即使主管自知這樣說話，一定會被部屬嫌棄，但就是戒不了自己的滔滔不絕。

想讓主管長話短說，就要為主管獻上幾句好話，以滿足他們的認同需求。例如像以下這些話：

部屬：「課長這番話說得真好，我現在也很喜歡您這段話，天天拿它來砥礪自己。」

主管：「哦？是嗎？這番話的確很有道理，對吧？你也開竅了嘛！」

＊　＊　＊

部屬：「聽協理說話總能讓我獲益良多，我還想再多聽您的金玉良言。」

主管：「哦？是嗎？不過今天不能再多聊了，下次吧。」

＊＊＊

部屬：「課長，感謝您總是那麼為我操心，謝謝您。」

主管：「沒有啦，有幫上你的忙就好，我很期待你的表現。」

直言自己喜歡主管說的那些話，或自述感想，表示聽主管的話獲益良多，甚至是對主管提供的建議（說教）表示感謝——這些話聽起來或許矯情，但只要你用認真的表情說出這些話，主管就會「龍心大悅」，想沉浸在這種愉快的回甘後韻中。於是主管便會感覺到「是該時候結束話題了」。

面對囉嗦媽媽時，處理的原則也一樣：要懂得獻上感謝。

媽媽：「我說妳啊，一個黃花大閨女，每天都喝到這麼晚才回來，太不像話了吧？」

女兒：「對不起，這些都是工作需要。我知道妳是在擔心我，當妳女兒真的很幸福。」

媽媽：「我、我知道妳很辛苦……，總之先睡吧。（氣勢熄火）」

07 同事惡意譏諷，如何回應不衝突？

老是想惹毛別人的，究竟是什麼樣的人？

這個社會上，似乎到處都會有人想譏諷或挖苦別人。

主管：「唔……你英文很行啊？明明工作做得不怎麼樣，還真是諷刺呀！」

同事A：「買了新成屋？在這個人口減少、房價下跌的時代，你還真是有勇氣啊！」

公司晚輩：「前輩還真是博學多聞，不愧是報考過東大的。」

資深女總管：「唉唷，這不是○○牌的包包嗎？單身真好！」

為什麼有些人可以隨口就說出這些惹怒別人的話呢？他們應該很清楚，說了這些話之後，會讓對方感到不悅啊！

其實，**他們通常都是因為心懷自卑或嫉妒，才會開口譏諷旁人。這樣的行為背後，代表著他們覺得那些被譏諷的對象，已對自己造成了威脅。**

因此，他們非得讓自己瞧不起別人，認為別人都比不上自己，否則就會提心吊膽、煩躁焦慮，也因此才有給別人一點顏色瞧瞧的心態。然而，他們的這些行為，只是更加證明了自己內心的不安。說穿了，就是一群可悲的人。

聽到他們的譏諷或挖苦後，要是你露出忿忿不平的神情，或出言回擊，那可就落入他們的圈套了。因為他們就是想看你倉皇失措的模樣，才會出言挖苦。只要你一中計，他們就會變本加厲地挖苦你，或閃躲你的回應，說「開玩笑的啦（笑）」、「別那麼生氣嘛（笑）」等。

別對那些話認真，把球丟回去！

聽到別人的譏諷，總會讓人覺得很不舒服，但有不少人都會選擇成熟的應對方式，用若無其事、不以為意的態度帶過。然而，這樣的應對方式，有時會讓對方覺得你沒有反應，便一而再、再而三地嘲弄你。

此時，用冷靜的態度來反制對方的「幼稚」，也不失為一個有效的辦法。只要你出手牽制過一次，下次對方就會有所忌憚了。

主管：「唔……你英文很行啊？明明工作做得不怎麼樣，還真是諷刺呀！」

部屬：「明明工作做得不怎麼樣，英文卻很流利，這的確很諷刺，真是對不起大家。（笑）」

這一招叫做鸚鵡學舌。對方既然是主管，當然不能忤逆，要順著他的話說。

同事A：「買了新成屋？在這個人口減少、地價下跌的時代，你還真是有勇氣啊！」

同事B：「很有勇氣吧？其實我有房市操作祕技，但內容我得保密。（笑）」

這一招則是用充滿「謎團」的說詞來故布疑陣，讓對方覺得自己並沒有戳中要害。

公司晚輩：「前輩還真是博學多聞，不愧是報考過東大的。」

公司前輩：「怎麼了嗎？你想表達什麼？」

這一招是小小的反擊，讓晚輩從此不敢再說那些刺耳的話。

資深女總管：「唉唷，這不是○○牌的包包嗎？單身真好！」

女職員：「不好意思，妳說什麼？我聽不太懂妳說這句話是什麼意思欸？」

用誇張的方式提出疑問，不正面衝突，攻其不備，對方就會被嚇退。

以上這幾招，都能讓你不對那些冷嘲熱諷認真，又能把球丟回給對方，對日後雙方的互動也有助益。

08 沒水準的人，怎麼對應效果最佳？

自己不注意，老來惹人厭！

所謂「沒水準、沒教養的人」，指的究竟是什麼樣的人呢？比方說——

- 說話很粗俗：「真假？」、「煩欸！」、「俗爆了！」
- 不懂得如何使用敬語：「協理，你有在摸高爾夫球喔？」
- 沒常識：對規則打馬虎眼，借的東西不還等。
- 行為、態度很粗魯：舉止無禮、不守規矩，道人長短或大聲嚷嚷。
- 開黃腔：不知這已是現今社會最沒水準的行為。

換言之，所有缺乏修養的言行舉止，都可以說是沒水準、沒教養。若是日常生活，或許還勉強可以睜一隻眼閉一隻眼；但在職場等特殊場合要特別留意的，恐怕是要盡可能使用最得體的表達方式了吧。

尤其部分年輕朋友想使壞耍痞，追求率性狂野，在用字遣詞上往往會比較不修邊幅，容易引來長輩的反感。譬如有些年輕上班族還常用學生時代的說話方式，或用打工時學的非正式用語，再加上他們畢竟還處於想擺脫束縛、展現自我的年紀，不修邊幅也是在所難免。當然在中、高年的長輩裡，也還是不乏有人沒學會水準和教養。但在企業組織當中，這樣的人基本上應該都是少數了。

沒水準、沒教養的人，會惹人嫌惡。因為他們讓人看了就礙眼、聽了就煩心，甚至令人不想和他們呼吸相同的空氣。

所以，大多數的人都希望自己有氣質，想學會該有的教養。而這些都是只要自己多留意、多小心，就能學會的事，可惜就是有人學得不夠透徹，所以有時會讓身旁的人感到不知所措。

無言以對，有氣質的糾正法

聽到沒水準的話時，我們該如何因應呢？以下的這段對話，或可當作一個模範解答。

同事A：「昨天星期日，我偶然在新宿遇到協理夫婦，嚇了我一大跳。你猜，有『懼內症』的協理，他太太到底是個什麼樣的人？」

同事B：「唔……我不知道。」

同事A：「他太太呀，是個超級醜的老太婆，笑死我了。（笑）」

同事B：「啊？醜？……老太婆？……（無言以對）」

這樣的應對正是標準答案——帶著驚訝，低聲地重複那些不妥的字詞，接著就無言以對，僅此而已。重複對方說的話，是要讓對方反芻自己說的話究竟有多沒水準。與其仔細地說：「你竟然說協理的太太醜，還說她是老太婆，這樣不太好吧？」來提點對方，不如重複關鍵字，效果更好。

如何對付沒水準的人

驚訝

喂、喂，妳聽說課長和那個新人妹妹的傳聞了嗎？

眼泛笑意

啊?!

瞠目結舌

聽說那兩個人有一腿喔！

什麼……？

低聲重複對方說過的話，接著無言以對……！

他們兩個孤男寡女，單獨待在倉庫裡好～久

眼泛笑意

兩個人孤男寡女，單獨待在倉庫裡好久……？

好尷尬，噓……

眼泛笑意

09 奧客死纏爛打，優雅拒絕有技巧

愛提離譜要求，團戰迎擊最有效

所謂的客訴，是主張自己的意見或權利，甚至是表達不滿。不過，在日本，通常會把這件事解釋為「顧客對商品或服務的抱怨」。

顧客的抱怨就是客訴，而會客訴的顧客，往往給人一種「客訴慣犯」的印象，是一種負面的形容。因此，在門市服務的員工一定要特別留意，千萬別對著後場大喊：「店長，有顧客來客訴，麻煩你處理！」否則必定會激怒顧客。

這裡所謂的「惡劣奧客」，指的是那些要求或主張已超出一般社會常識的顧客。淪為奧客之際，這些人已稱不上是顧客。

換言之，當提供服務的一方已在合乎常理的範圍內，提出「道歉」、「賠償」、「更換」等客訴處理方案，但顧客仍不願接受，更暗示想索討「離譜的金錢」時，這些人就稱為惡劣奧客。

當然，這樣的行為已遊走在「威脅」、「恐嚇」的邊緣，因此惡劣奧客不會主動開口說出「給我多少錢」或「要是不照辦，自己想想會有什麼下場吧」之類的要求。他們通常就是用一句「要怎麼補償我啊？」來死纏爛打，直到提供服務的一方願意提出超乎常理的方案，主動表示「那……如何？」，才會善罷甘休。

惡劣奧客會一貫地強調自己蒙受極大損失或損害，不論店家或廠商如何安撫，他們都會表示「還是無法接受」，一再得寸進尺，進而死纏爛打、窮追不捨，要求對方「拿出一點誠意來」！因此，在對付惡劣奧客時，如果只有自己孤軍奮鬥，很有可能會被逼瘋。最好是有多組人馬，以團體戰迎擊。

但若是只有一個人的話怎麼辦呢？接著就來介紹如何優雅的「拒絕」，相信這個技巧，對你一定大有幫助。

柿子挑軟的吃，別當奧客眼中肥羊

對於提供服務的一方所建議的「道歉」、「賠償」、「更換」等客訴處理方案，惡劣奧客既然表示無法接受，那麼雙方的談判至此可說是完全決裂，應循法律途

徑解決。換句話說，就是要聲請調解，或提起訴訟。

然而，惡劣奧客並不會選擇這條路。因為這個方法勞民傷財又曠日廢時，奧客深知自己的要求，在社會上看來離譜荒謬；更明白即使提告，自己也絕無勝算。**要悍然拒絕這些惡劣奧客的要求，唯有採用以下這些說詞，反將一軍才行。原地踏步式的周旋，進行再久都無濟於事。**

奧客：「這下子你們打算怎麼補償我！喂！你到底有沒有在聽啊！」

員工：「您如果再大聲嚷嚷的話，本公司會報警處理。這位貴賓，您希望怎麼處理呢？」

＊ ＊ ＊

奧客：「要拿出你們的誠意來啊！誠意！你聽懂了吧？」

員工：「本公司已經展現了誠意。不知道您的誠意，究竟是什麼意思呢？」

＊ ＊ ＊

奧客：「我可是會上網爆料的喔！你們不怕嗎？」

員工：「發表意見是您的自由，但若有不當的貼文，本公司將會採取最強硬的手段。」

＊＊＊

奧客：「小心我告你喔！你們不怕鬧上法院嗎？」

員工：「悉聽尊便。本公司也希望能交由司法論斷。」

＊＊＊

奧客：「所以你們就是不肯再多賠一點囉？」

員工：「是的，未能讓您滿意，本公司深表遺憾，但就是沒辦法了。」

＊＊＊

奧客：「要是你們不答應，我就待在這裡不走！」

員工：「您請回吧，如果您堅持坐在這裡不離開，本公司會報警處理。」

千萬要記住，別因為對方暴跳如雷而害怕、退縮，要冷靜、沉著地面對。

5

緊要關頭如何脱身？怎麼反敗為勝？

01 被逼入死角，要借重反問的力量

神奇一句話 「為什麼你會這樣想？」

人都有一種反射性習慣，那就是突然被問到「為什麼？」、「怎麼會？」等問題時，都會覺得非得立刻回答不可，是一種下意識的反應。

既然要回答這些問題，就得要稍微停下來思考一下才行。大多數人會尋思「為什麼……？」、「怎麼會……？」等，為自己找理由。在重新確認個人思路邏輯之際，會出現一個「空檔」。於是，雙方的對話互動就會暫時中斷。

當你在辯論過程中被逼到無路可退時，可以利用「反問」這個方法來閃避敵方攻勢，應該能夠成功為你打開一條活路。幫助你翻轉攻守態勢，甚至拿回辯論的主導權。

「神經語言程式學」（Neuro-Linguistic Programming；NLP）是以實用心理學和語言學來解決問題的一種手法。而在神經語言程式學當中，「反問」是用來

打破刻板印象的重要工具。

對那些先入為主地認為「問題就是出在○○嘛！」、「原因就是○○呀！」的人，不斷地抛出「為什麼你會這樣想？」等問題，對方就會感到困惑。

下次當你被逼到無路可退時，不如試試這樣做，「反問」技巧會是一個有效扭轉劣勢的好方法。

02 把「否定印象」轉為「肯定」

當談話對象對無事物懷有否定印象時，有個金句能一秒就扭轉乾坤。

A：「還要去那家店啊？老實說，我已經去膩了。」

B：「就是這樣才好啊！」

A：「唔？哪裡好？」

B：「今天是星期五，到處都人山人海，若要改找新店家可能會很麻煩唷。」

A：「喔，是喔，說的也對。」

神奇一句話「就是這樣才好啊！」

當對方對某件事物帶有負面印象，而你想肯定它，並強渡關山時，就要提出不同見解。「就是這樣才好」即為不同的見解，它與對方的認知之間，會產生一種「為什麼？」的不協調——人在面對他人提出不同見解時，都會想知道箇中原因，所以會開口問「為什麼？」此時只要再加上一個煞有其事的理由，就能讓說服力大增，進而讓對方接受你的不同見解。

所謂的認知，就是人對事物的理解。當我們聽到不符「常識」的認知時，個人的認知就會出現扭曲。若我們對他人所否定的事物，說一聲「就是這樣才好啊」，對方就會不由自主地提高關注。這時只要再加上一個值得認同的理由，對方很容易就會欣然接受。

人在「認知失調」的情況下，必須設法調和認知，否則就會感到焦慮。就像那些知道抽菸對身體有害，卻無法戒菸的人，會相信一些能說服自己的理由，例如「有些老菸槍也很長壽」等，以期調和個人的認知。

坊間有一本名叫《不被醫生殺死的47心得：百萬人肯定，現代仁醫的良心處方箋》的書。一看它的書名，就會立刻引發讀者的「認知失調」，讓人質疑「為什麼」，進而不由自主地想找這本書來一探究竟。

03 寄予「期待」，驅策對方行動

神奇一句話 **「應該不費吹灰之力吧？」**

當我們向他人提出一些可能遭到拒絕的請求時，「得寸進尺法」或「以退為進法」，都是很有效的策略。

然而，當我們要取得他人首肯，才能借重對方的「能力」或「技術」時，這兩套策略就不見得那麼管用了。此時，**你要給對方的「能力」或「技術」一些誇大的肯定，較能驅使對方為你兩肋插刀。**

A：「齋藤先生，你在前一家公司是當系統工程師，對吧？真是能幹！這種簡單的應用程式，如果是你來寫的話，應該不費吹灰之力吧？」

B：「啊？哪、哪個程式……？喔，嗯……，原來是這個呀……那我來試試看吧。」

善用這種方法，就能夠驅策他人行動。因為對方聽了之後，根本沒有時間猶豫，只覺得自己受人期待，便會產生「舍我其誰」的念頭，於是一口就把事情答應下來。

若是一項艱鉅的任務，對方在應允之後，或許又會萌生「早知道就不要答應……」的念頭。不過，此時「如果是齋藤先生來做的話，應該不費吹灰之力吧？」這句話，一定會鼓舞他那裹足不前的心態。每當齋藤先生想起這句話，應該就會重新振作起來。這個金句能讓他人無法辜負你的期待，是個很好用的句子。

「如果是你出馬的話，那家財團旗下M公司的訂單，應該就能不費吹灰之力地拿下來了吧？」聽到主管這麼說之後，這句話就會被植入部屬的潛意識裡。接著部屬心裡也會燃起鬥志，滿腦子想著如何搶下M公司的訂單。

這個金句甚至還具有「催眠控制」的功效。即使目標有些難度，只要此話一出，就能驅使他人勇往直前，堪稱是一句方便的溝通法寶。

04 正反兩面都要說，比例如何拿捏？

神奇一句話「你雖然○○，但○△方面很出色」

每個人都有「優點」和「缺點」。然而，在面試等場合被問到「請用一句話來描述自己的個性」時，你會怎麼回答呢？

自吹自擂得太過，難免有點可疑，因此我們通常會再稍微說幾句聽起來像是缺點的描述。例如：「我的個性開朗活潑，交遊廣闊，但做事有點隨興。」

不過，這種談話方式是有問題的。因為我們總是習慣先描述優點，最後再談缺點。如此一來，主考官腦海中可能只會留下「這個人做事很隨興」的印象。你應該使用以下這種表達方式：「我這個人雖然有點隨興，但個性開朗活潑，交遊廣闊。」

這種表達方式，能為主考官建立起「這個人個性開朗活潑，交遊廣闊」的印象。**這種因為序列位置前後而影響印象的法則，稱為「新近效應」（Recency**

Effect）。

「她長得很漂亮，但作風很強勢。」→「她的作風很強勢」

「商品性能非常卓越，但價格太貴。」→「價錢太貴」

「他把所有的精神都放在籃球校隊上，所以學業成績不太好。」→「學業成績不太好」

當我們描述某人的正反面向時，後談的內容，會比先談的內容更能留存在聽者的記憶裡。上述的例子，若能改成以下這樣說，是不是會更好呢：

「她的作風雖然強勢，但長得很漂亮。」→「她長得很漂亮」

「價格雖然貴了點，但性能非常卓越。」→「商品性能非常卓越」

「他的學業成績雖然不太好，但把所有精神都放在籃球校隊上。」→「他都在打籃球」

05 釋出善意，互惠原則能贏得好感

神奇一句話「如果不介意的話！」

綜觀整個職場，究竟是會對自己造成「威脅」的人多，還是會讓自己感到「放心」的人多，這種感受是非常重要的。

我們通常會有這樣的認知：對自己造成「威脅」的人等於「敵人」；而讓自己感到「放心」的人等於「盟友」。再怎麼說，至少讓你感到「威脅」、「緊張」的人，一定不會是你的「盟友」。

在職場上的「盟友」越多，總是會讓人比較放心。**因此，平時積極、努力地拉攏「盟友」，是很重要的一門功課。最簡單的方法，就是善加運用「互惠原則」。**

「如果不介意的話，我來幫忙好嗎？」

「若你許可，我用 Excel 把它們做成清單好嗎？」

「這是我從北海道帶回來的伴手禮，數量不是很多，如果不介意的話，請嘗嚐看。」

「如果不介意的話，敬邀你一同參加，我可為你帶路。」

就像這樣，主動以「如果不介意的話」或「若你許可」，來表示善意。即使不一定真的為對方做出什麼「善意的舉動」，光是「表達善意」這件事，對旁人來說就已經是值得開心的一種體貼。如果對方說「那就恭敬不如從命囉」，那就等於是也給你一個施恩於人的機會。

人與人之間存在著一種「互惠原則」——當別人對我們有恩，我們就會認為自己必須回報，而我們更會對那些表達善意的人很有「好感」。

只要「互惠原則」持續發酵，我們的「盟友」就會不斷增加。

06 無話可說的尷尬，「過去經歷」能化解

神奇一句話「以前是怎麼樣？」

人與人之間的對話，都是由其中一方先「提問」，再由另一方針對問題做出回應，就此展開雙方的互動。

A：「昨天那場大雨還真是折騰人呀！你沒遭殃吧？」

B：「很慘啊！我在外面跑業務，一直攔不到計程車，搞得我雞飛狗跳的。」

A：「這樣啊。我都待在公司裡，但下班回橫濱的電車簡直是人擠人。」

B：「哎呀，原來你住橫濱啊……（對話結束）」

這段看似平凡無奇的對話，當中其實也充滿了提問與回應的互動。若能不斷地拋出適當的提問，那倒沒什麼大礙；不擅閒聊的人，根本就想不出該問什麼問題，對話也就會因而告終。

不擅閒聊的人，不妨提醒自己多問「以前的問題」。畢竟一般人比較難以回

答「現在」和「未來」的相關問題，例如「現在怎麼樣？」或「後續會如何？」等，但與「過去」有關的提問，則相對容易處理。

A：「昨天（過去）那場大雨還真是折騰人呀！你沒遭殃吧？」

B：「很慘啊！在路上一直攔不到計程車，搞得我七昏八素的。你呢？昨天還好吧？（過去）」

A：「下班回家時電車班次大亂，簡直是擠翻天了。我家住在橫濱，離公司遠得很呀！」

B：「你住橫濱很久了嗎？（過去）我住埼玉，也是遠得不得了。」

A：「我從小就在橫濱長大，是道地的橫濱人。你住埼玉很久了嗎？」

B：「我家世代都住在埼玉的鄉下。橫濱自古以來就是個都會，真令人羨慕！（過去）」

把話題焦點擺在「過去」，多問「以前是怎麼樣」，對話就能延續下去。

07 截斷「話題主軸」，結束惱人對話

神奇一句話 「這是你的習慣？」

囂張得意的人，一談起自己的豐功偉業，就會讓人沒完沒了地一直陪他聊下去，這一點的確是很痛苦。

碰上這種情形，你只要不經意地說出「某句話」，就能讓對方氣勢熄火。如此一來，便可以使話題主軸腰斬，輕鬆打發掉煩人的傢伙。

部屬：「我是按照課長的指示行動，結果卻以失敗收場。我當然要負一部分的責任，但希望課長了解，您也有責任。」

主管：「你是想說我下達的指令有問題囉？有種就把話說清楚啊！」

部屬：「不，我不是那個意思……只不過，當初擬訂策略的人是課長……」

主管：「那還不是一樣？你想說我的策略有問題，對吧？」

部屬：「不是的！事情是這樣的……不是策略出錯，呃……」

主管：「話說回來，你說話的時候，都會把下巴往外推，這是你的習慣嗎？是不是有客戶認為你給人的『感覺很差』？」

部屬：「啊？您是說下巴嗎？我自己倒是沒注意過這件事……（汗）」

若想趕緊結束與難纏傢伙之間的對話，不妨試著點出對方的「習慣」。如此一來，便能有效使對方氣勢下降，讓話題中斷。

08 得失效果的陷阱，「失落感」是關鍵

神奇一句話 「沒了！」

日本有句諺語說：「千萬別以為，父母和錢財隨時都取用不盡。」。健康硬朗地照顧我們的父母，總有一天會離開；錢財一旦揮霍散盡，就會化為烏有。這句諺語，是在勸人行住坐臥都要懂得感恩、惜福。

「灰飛煙滅」是個讓人不禁聯想到「失落感」的詞彙。「人走茶涼」這句話，讓人備感虛無。一般認為，這種虛無會觸發人類「六大基本情緒」（包括憤怒、厭惡、恐懼、快樂、悲傷和驚訝，是美國心理學家保羅・艾克曼所提倡的論述）之中的悲傷。而「失落感」則會教人心思惶惶不安，若能找回失去的東西，人們的幸福感受就會備增。

如果別人對某項事物感到「有興趣、想關注」，我們就可以利用這種感受來操弄對方。這種現象，在心理學上稱之為「得失效果」（Gain-loss Effect）。

業務員：「這是本公司的新產品，效能是既有產品的兩倍，價格則是幾乎相同。後續可能會大受歡迎，所以先向你做個介紹。」

客戶：「唔，效能加倍，價格竟然可以幾乎凍漲，這個產品還真不錯。」

業務員：「沒錯。如果有需要，你可以先預購，要不要考慮一下呢？」

客戶：「該怎麼辦呢……我是想換一臺新的，但現在這一臺還能用……」

業務員：「說得也是，那就不讓你為難了，只是順道向你介紹一下這款限量生產的商品。」

（隔了一陣子。）

業務員：「託你的福，上次向你介紹的那款新產品，一推出就銷售一空了。」

客戶：「啊？沒啦？早知道我也買一臺……」

業務員：「這樣好了，如果你想要，我就把我私人預約的那一臺讓給你吧！」

客戶：「哦？真的嗎？那還真是不好意思啊！不過要是你能讓給我，那就太好啦！」

09 讓違反規則的人，乖乖收拾殘局

神奇一句話 「你要這樣多久？」

這個世界上，有很多不守規矩的人。比方說——

- 有人在禁止停車的地方停著車不動。
- 有人在禁菸區大大方方地抽菸。
- 有人在電車上沒完沒了、大鳴大放地講電話。
- 有人在禁止踩踏的草坪上，悠哉地躺著休息。
- 有人在非垃圾清運日，照樣把垃圾拿出來擺在垃圾場。

鮮少有人會光明正大地指責他們，柔弱者由於害怕對方惱羞成怒，更是不敢開口。那些違規的人，就算明知自己做的事情不對，受人指責時還是會反駁。尤其當旁人是以上對下的態度指責時，更是容易點燃他們的怒火。所以敢義正詞嚴地指責違規者，要求他們「住手」的，恐怕只有對自己胸有成竹的少數人。

然而，要是我們看到一輛車，不偏不倚地就擋在自己家門前，還一直停著不走，而且駕駛就站在車子旁邊抽菸，抽完就把菸蒂隨手往路邊一丟。這樣的光景，任誰都會動怒。

此時，能讓對方乖乖收拾殘局的，就是用「你要這樣多久？」這句話用來了解對方的意向，表示我們雖默認現況，但想知道對方究竟要違規多久。

換言之，就是拋出「你的車要停多久？」、「你要抽菸抽多久？」之類的問句。而上述的其他案例，則可以試著詢問對方：「不好意思，你的電話要講多久？」、「你要待在這片草坪上多久？」、「請問一下，你的垃圾要放在這裡多久？」等。

這些用來了解對方意向的提問，除了對既成現況做事後追認之外，也是一個顧及對方自尊的說詞。對方聽了這句話，就會覺得難堪，進而朝不再違規的方向，乖乖收拾殘局。

10 恰到好處的安慰，才能抓住對方的心

神奇一句話 「別太拚喔！」

鼓勵旁人時，通常我們都會說「再加把勁」、「加油吧」。然而，這樣的說詞，用在死命拚搏努力的人身上，恐有流於草率、隨便之嫌。

對方甚至可能會怒斥：「我都已經這麼拚了，還要怎麼加把勁？你就沒有一點體貼的善意，不會說句『我來幫幫忙吧？』之類的嗎！」

說穿了，其實用來鼓舞人心的話，聽起來難免有些「命令句」或「禁止句」的語調。例如「再加把勁」、「拿出鬥志」、「咬緊牙關撐過去」、「別鬆懈」、「再撐一下」、「不准輕言放棄」……，都是著眼於強化對方毅力的說法。

這些話若是當事人自己的自我要求，還說得過去，但若是旁觀者這麼說，總不免讓當事人覺得有點「不太合理」。畢竟聽起來就像是只出一張嘴式的打氣。

人對於「命令」或「禁止」的句子，都會萌生一種反抗的心態。因為一旦有人下達命令，自己似乎就會被剝奪「自由」，感覺很拘束。而一旦有人出言禁止，那更是在剝奪自由，聽了就令人很想打破「禁忌」。

因此，若想讓正在努力奮鬥的人，感受到我們所發出的鼓舞之意，那麼就不適合選用「命令」或「禁止」的說詞。

你不妨改說「別太拚喔」，一方面肯定對方目前的努力，對方聽起來也會覺得是在關心自己的身體狀況。同樣是「命令句」或「禁止句」，但這句勸對方別「過多」的說詞，聽來讓人備感貼心。而「要讓自己喘口氣喔」之類的關懷或慰勉，更能讓聽到的人開心。

11 坦白吐實，別人更願意聆聽需求

神奇一句話「不好意思，我趕時間……」

人生在世，學會日常生活中的一些「處世之道」，一定有幫助。

見他人有難，我們就會覺得非得伸出援手不可——這是在良心驅使下的正常反應。而不負責任地認為「反正一定有人會幫忙」，也是人之常情。這就是所謂的「旁觀者效應」（Bystander Effect），它讓我們看到路上有人倒臥在地時，也依舊視若無睹地走過。

想讓旁人發動「助人行為」，必須鎖定眼前的特定人物，並把自己困擾的原因告訴對方。例如搭上爆滿的電車時，若我們想在上、下車乘客不多的車站下車，一定會主動開口說：「不好意思，請讓我下車。」周邊的人聽到之後，就會配合讓路。如果為了下車，而一味地把自己的身體往車門方向推擠，反倒會引起糾紛。

若是在便利商店碰上了打算長期抗戰，一口氣影印好幾十張資料的人，不妨用焦急的表情，說：「不好意思，我趕時間，能不能讓我先印一張就好？」對方應該就會先暫停，讓你插隊先印才對。

碰上一群併排走的人擋住去路時，不妨開口說一聲：「不好意思，我趕時間。」如此一來，他們應該就會讓出一條路給你。

12 標籤效應，誘使他人趨近自己理想

神奇一句話「每次都○○，真棒！」

當說話凶狠惡毒的主管，破口大罵部屬「你這個白癡！」、「你真是爛泥糊不上牆！」時，部屬不僅心會離主管越來越遠，假以時日，還會失去幹勁，凡事擺爛。

自我否定的念頭為了進一步滲入潛意識，便讓人開始頹廢墮落，這種現象稱為「格蘭效應」（Golem Effect）。被辱罵「白癡」之後，人還真的會變得一敗塗地。**有這種說話凶狠惡毒的主管，只會讓麾下帶領的部屬生產力越來越低。**

主管若想提高部屬的生產力，就要懂得適時地讚揚部屬。所謂的讚揚，當然不是莫名其妙的花言巧語。莫名其妙的花言巧語，只會讓部屬不斷坐大，進而瞧不起主管。

如果有個部屬，總是囁嚅地低聲說：「早……早安。」打招呼、問候都有氣無力，這時主管就要提醒他提高音量。等這位部屬有所改善，可以大聲地向他人打招呼、問候時，主管要再大力讚揚，對當事人說：「很好！你打招呼的聲音很宏亮。」

對那些處理資料總是又快又好的部屬，主管要記得說聲：「哇！你處理資料很快，真是我的得力助手！」如此一來，就能創造出一個打招呼、問候充滿活力，資料製作迅速確實的職場。主管若能再多對身旁的人說：「你的笑容真棒！」那麼圍繞在這位主管身邊的每一位部屬，就都會笑口常開。

這種正向的循環，應該要比充滿辱罵的職場好多了吧？**這就是所謂的標籤效應（Labeling Effect）。人其實都會下意識地，選擇從事那些曾受過讚揚的行為。**

新婚時，即使太太親手做的飯菜還不怎麼樣，先生也一定要設法找出值得肯定之處，例如「菜餚擺盤安排得很棒」、「妳煮的咖哩真是極品」、「味噌湯太好喝了」等等。如此一來，太太的烹飪手藝就會突飛猛進。

13 冠冕堂皇的理由，刺激他人使命感

神奇一句話　「這都是為了〇〇！」

有個神奇金句，能瞬間制約別人的行為，綑綁別人思考的自由。

「這都是為了全家人的生計，妳也去打工賺錢吧！」

「這都是為了公司的未來，這麼一點營運成本緊縮，就請大家睜一隻眼、閉一隻眼吧！」

「這都是為了你的將來著想，總之你就先轉調去子公司吧！」

為了方便自己達成目的，而設法說服他人時，只要祭出「這都是為了〇〇」這個「冠冕堂皇的理由」，當事人雖不一定認同，但一定能讓人乖乖聽話。

為了全家人、為了公司、為了你的將來……聽到這番說詞之後，總讓人覺得它是個「正確的選擇」。

有了這番話，「犧牲小我」這個「冠冕堂皇的理由」便能成立，甚至還能讓當事人覺得自己的人生出現了新的希望。它能強化行為的正當性，有了正當性之後，即使本人並不認同，但還是可以勉力為之。

不過，如果是「為了社會」、「為了全世界」這種對象廣泛、格局過大的說法，正當性就會變得模糊。通常我們要說服的，都是一般的市井小民，因此要考量當事人周遭的「利害得失」，再祭出「冠冕堂皇的理由」才行。

尤其在政壇當中，更是充斥著「冠冕堂皇的理由」。「這都是為了社會福利」、「這都是為了擺脫通貨緊縮」、「這都是為了對國際社會做出貢獻」……說詞五花八門，但其實這些政治人物真正的目的，都是為了保全自己在議會的席次。這一點請各位切記。

14 利用對方自尊心來反將一軍

神奇一句話 「恐怕連你都辦不到吧？」

每個人都會有某些值得自豪的事物。也就是我們自認為比別人卓越的地方。這些卓越之處琳瑯滿目，可能是長相端正、身高高人一等、學歷顯赫、英文流利、上市公司員工、年薪優渥、精通電腦、體育健將、計算飛快、藝術天份、歌聲優美、文筆佳、大胃王、酒量好等等。

當有人吹捧我們引以為傲的優勢，我們就會忍不住喜形於色，這其實是人之常情。只要掌握這種人性弱點，就能輕鬆地差遣那些不太好相處的人。

主管：「我記得你的多益考了八百六十分，對吧？真厲害。不過，就算你的英文再好，也很難在明天之前翻譯出這些英文的文件吧？」

部屬：「這些文件嗎？小意思，沒問題的，包在我身上。」

＊　＊　＊

先生：「像妳這樣的美女，一定很搶手，應該很難陪我這樣的男人吃頓便飯吧？」

小姐：「沒那回事，要吃飯請別忘了約我喔！」

先讚揚對方，再說句稍帶輕蔑的話，對方就會駁斥，進而答應我方的要求。

若你有個很愛自誇酒量好，又常職權騷擾的主管，偶爾設法撂倒他，也蠻有意思的。

部屬：「協理再怎麼海量，也無法把這杯伏特加一口氣乾掉吧？」

主管：「伏特加頂多才四十度左右吧？酒在哪？把杯子給我拿來！」

15 「資訊不對稱」，說服對方的良機

神奇一句話 **「如您所知」**

近來相親結婚的人數雖已大不如前，但在相親過程中負責穿針引線的媒人，多半還是有一張「媒人嘴」，會天花亂墜地向男女雙方說盡對方的好話。首先，相親第一階段的目的，是要讓男女雙方見面，因此在預先提供當事人的資訊裡，就要大說對方的好話。這種手法稱為「單面訊息」（One-sided Message）。

單面訊息要能奏效，關鍵在於雙方對彼此都缺乏充分的了解。在這種情況下，如果提供雙方「雙面訊息」（Two-sided Message），也就是優缺點都說，會讓負面的刻板印象在彼此心中膨脹。

「做生意」和「推銷」也是如此。當顧客對商品缺乏深入了解時，賣方就要大說商品的「好話」。一旦說了商品的「缺點」，負面的刻板印象就會在顧客心中蔓延，讓人猶豫不決。當賣方握有「豐富的資訊」，而買方卻只有「少量資訊」

時，我們就會說買賣雙方之間存在著「資訊不對稱」。

顧客都想盡可能取得更多資訊。當他們對商品的知識還相當薄弱時，若貿然提供太艱深的資訊，會讓顧客的腦中一片混亂，對購買與否猶豫再三。

當買賣雙方之間存在著這種「資訊不對稱」時，賣方反而可以利用顧客這種猶豫的心態，來說服顧客——只要在說明之前，多加一句方便好用的「如您所知」就行了。因為這個神奇金句，可將負面資訊偽裝成「已知的事實」，安然通過顧客的法眼。

業務員：「如您所知，市場行情都是要價台幣三十萬以上，而本公司只賣十五萬。」

顧客：「哇，還真的划算呢！那就麻煩你幫我結帳吧。」

當我們先說了「如您所知」、「你也知道」，把對方吹捧成已具備相關知識的人，對方就開不了口說自己「不知道」。如此一來，我們就能平安通過顧客這一關。

16 滿足優越感，「稀有性」能取悅對方

神奇一句話 「非你莫屬」

每當聽到別人對我們說「非你莫屬」，我們就很難回絕對方的請求。這是因為對方儘管心中已有替代腹案，表面上還是對我們發動了個別狙擊攻勢。**一想到只有自己受人仰賴，我們就會覺得好像也沒什麼不能答應的。在心理學上，這種現象稱為「有限效應」、「稀缺效應」**。一旦被限定「只有這個」，就表示我們必須放棄其他選項。

而聽到有人對我們說「只特別開放給你」，就會覺得自己好像占了什麼便宜似的。所謂的「物以稀為貴」，正是因為該項物品的稀有性與其他物品做出了區隔，所以也反映在它的價格上。金、銀、鑽石的價格不菲，就是因為它們具稀有性，這一點無庸置疑。

這個概念，用來解釋「高價物品必有其價值」的迷思，也能說得通。

世人稱為高級精品的那些名牌貨，其實在市面上早有許多唯妙唯肖的仿冒品，暢貨中心也常以三到五折的價格出清。從這個角度來看，它們的製造成本頂多只有售價的一至兩成。然而，就因為「高價物品必有其價值」的幻想已深植人心，甚至還引發人們自我彰顯的慾望，也就是韋伯倫效應（Veblen Effect）——企圖藉由持有高級精品來獲得優越感，進而「想向別人炫耀」。

請求他人協助時，只要你開口美言吹捧，說聲「只能仰賴你這個優秀人才了」，相信絕大多數的人都會願意為你動起來。

17 善用「月暈效應」，博取他人好印象

神奇一句話「其實我〇〇」

如前所述，人只要有一項特別顯著的特質，這項特質就會為當事人建立起一個整體的印象。這種現象稱為「月暈效應」，它的效果有正反兩面，有時會帶來正面助益，有時可能會造成負面影響。

外型出眾者，會讓人覺得他們的內在也很出色——這是正向的「月暈效應」；表情陰沉、儀容髒亂者，會使人認為他們的內在也很寒酸——這就是負向的「月暈效應」。而這些案例，都是因為外貌所引發的「月暈效應」。

不僅如此，每個人的個性與社會評價（地位、職稱、口碑），也會引發「月暈效應」。一般人只要看到東大畢業生，就會認為他們各方面都很優秀；熱心公益的人，總讓人覺得他們充滿大愛精神，是高風亮節的聖人。

換言之，只要稍有一點過人之處，要瞞過別人簡直易如反掌。

詐騙犯所做的事，就是巧妙地搬弄這些過人之處，再看看詐騙對象心目中理想的人物形象為何，就扮演那樣的人物，行造假欺瞞之實。這就是所謂的「印象管理」（Impression Management）。

面對那些瞧不起我們的人，就該祭出「印象管理」來與之抗衡。

「其實我父親的弟弟，是警政署的刑警。他膝下無子，對我疼愛有加。」當你坦白吐露這段話之後，這件事就會成為你的一種「護身符」。

「我在高中和大學時代，參加了空手道社和橄欖球隊。空手道目前是二段。」描述這段經歷後，即使是原本形象弱不經風的人，周遭也都會敬他三分，覺得這個人「哇，真厲害」。

會說「我喜歡接觸小朋友，所以才會夢想成為一位幼稚園老師」的人，聽起來讓人覺得個性比較溫柔敦厚；而說「其實我本來想讀數學系，但因為我父親說將來語言才是利器，我出於無奈，只好進文學院就讀」的人，則給人一種思路清晰的聰慧印象。

18 能讓對方「服從」的「從眾心理」

神奇一句話 「大家都……」

很多人都說，日本人難以抗拒「從眾心理」的程度，世界上無人能出其右。日本人一聽到「大家都在做」、「大家都一樣」，就會感到莫名地忐忑不安。只要與眾不同，就會撩撥起日本人內心的憂慮。

在心理學上，這種現象稱為「樂隊花車效應」（Bandwagon Effect）。所謂的樂隊花車，就是在遊行時走在隊伍最前方，演奏音樂的樂隊車。它負責帶領遊行隊伍的走向。**從這裡衍生出「跟著大家走、跟風、西瓜偎大邊」等意涵，也就是指「追隨多數派的意見、趕流行、為贏面大的選項抬轎」**。

小朋友要求父母買東西時，也會說「買給我嘛！這個大家都有欸！」這當中呈現了「『大家都有』等於『很受歡迎』等於『自己沒有就會被孤立』」的結構。所以大家都買、大家都用的東西，很能讓人放心選購。

走進家電量販店，我們總不禁想選「銷售排行前三名」的商品；到了書店，看到書腰上寫著「狂賣超過十萬本的暢銷書」，便會考慮「我也來買一本好了」。

這個概念，用來讓老是愛發牢騷的人閉嘴，也很有效。「我們公司加班多、待遇差，真是討厭」，試著回答：「大家都一樣啊！」

當部屬想駕馭跋扈主管時，也可以祭出這一招。先說「其實大家心裡都這麼想……」這句開場白，接著主管就會願意傾聽你的意見。

協商談判時，先表明「這是眾人的意見」，對方就會覺得「這樣啊……」接著便同意你的要求。

用「課長根本就沒有考慮到我們大家」來指責主管，就能讓主管閉嘴。萬一對方反駁「你說的大家是誰和誰？」時，你不妨可再回敬一句：「就是所有人！」相信能讓對話更有說服力。

活用心理學，讓安靜內向是才能

慢熟、緊張、不擅聊天，只要學會「轉換角色」，誰都被你吸引！

口下手・弱気・内向型のあなたのための弱みが強みに変わる逆転の心理学

作　　者	神岡真司
插　　畫	森下えみこ
譯　　者	張嘉芬
總 編 輯	鄭明禮
責任編輯	黃馨慧
版 權 部	莊惠淳
業 務 部	古振興、劉嘉怡
企 畫 部	林秀卿、朱妍靜
管 理 部	蘇心怡、林子文
封面設計	吳郁婷
內文排版	黃雅芬
出版發行	方言文化出版事業有限公司
劃撥帳號	50041064
電話／傳真	(02) 2370-2798 ／ (02) 2370-2766
定　　價	新台幣 290 元，港幣定價 96 元
初版一刷	2018 年 11 月 7 日
I S B N	978-986-96780-5-6

國家圖書館出版品預行編目（CIP）資料

活用心理學，讓安靜內向是才能：慢熟、緊張、不擅聊天，只要學會「轉換角色」，誰都被你吸引！／神岡真司著；張嘉芬譯. -- 初版. -- 臺北市：方言文化，2018.11
面；公分
譯自：口下手. 弱気. 内向型のあなたのための弱みが強みに変わる逆転の心理学
ISBN 978-986-96780-5-6（平裝）
1. 商務傳播 2. 人際關係
494.2　　107017051

方言文化